现场安全生产
"四个管住"
一本通

国网宁夏电力有限公司超高压公司　编

中国电力出版社
CHINA ELECTRIC POWER PRESS

图书在版编目（CIP）数据

现场安全生产"四个管住"一本通 / 国网宁夏电力有限公司超高压公司编. —北京：
中国电力出版社，2024.7
ISBN 978-7-5198-8835-0

Ⅰ. ①现…　Ⅱ. ①国…　Ⅲ. ①电力工业–安全生产–生产管理–教材　Ⅳ. ①TM08

中国国家版本馆 CIP 数据核字（2024）第 080836 号

出版发行：中国电力出版社
地　　址：北京市东城区北京站西街 19 号（邮政编码 100005）
网　　址：http://www.cepp.sgcc.com.cn
责任编辑：雍志娟
责任校对：黄　蓓　张晨荻
装帧设计：郝晓燕
责任印制：石　雷

印　　刷：廊坊市文峰档案印务有限公司
版　　次：2024 年 7 月第一版
印　　次：2024 年 7 月北京第一次印刷
开　　本：787 毫米×1092 毫米　16 开本
印　　张：11.25
字　　数：158 千字
印　　数：0001—1000 册
定　　价：120.00 元

编委会

主　编　刘志远

副主编　张永进

参　编　丁良金　蒋超伟　何　楷　邹洪森

　　　　摆存曦　马全林　韩相锋　王　伟

　　　　赵林虎　高振兵　刘佳敏　封　格

　　　　汪希增　王　宏　杨　拯　弋立平

　　　　张振宇　闫海宁　唐　鑫　孙兆成

　　　　李　乐

前　言

　　近年来，国家电网有限公司（以下简称国家电网公司）加大作业现场安全管控力度，持续挖掘作业风险防控策略，从作业计划的全面性和严谨性持续强化管理，坚决杜绝无计划作业，在作业队伍和人员管理方面实施负面清单、黑名单等制度，深化特种作业资格和特种设备的审核把关，编制出台生产作业现场安全管控标准化工作规范，不断深化作业安全管控体系。

　　2020 年，国家电网公司在总结之前安全生产管控经验的基础上，提出了"四个管住"（管住计划、管住队伍、管住人员、管住现场）的生产作业风险管控方法和思路，持续丰富"四个管住"的思想内涵和具体做法，将其作为当前及今后一段时间，生产作业现场安全管控的根本抓手。

　　《现场安全生产"四个管住"一本通》教材包括"四个管住"概述、"四个管住"体系建设、管住计划、管住队伍、管住人员和管住现场等六大模块内容。其中，"四个管住"概述，包括"四个管住"背景介绍和"四个管住"内涵介绍等内容，以帮助读者明确"四个管住"的重要性以及计划、队伍、人员、现场四个方面的核心思想与联系；"四个管住"体系建设包括"四个管住"管理体系建设和"四个管住"制度体系建设等内容，以帮助读者认识"四个管住"制度规范的发展历程，了解"四个管住"管理体系的内涵与内容；管住计划、管住队伍、管住人员和管住现场主要介绍了管住计划、队伍、人员和现场的要求及落实方法，以帮助读者进一步掌握

"四个管住"的关键实施要点，使读者在标准化作业现场管控要求下，能够不断提升安全意识、提升作业现场管控水平，为公司安全管理工作奠定良好基础。

编　者

2024 年 6 月

目 录

第一章 "四个管住"概述

本章聚焦

- 了解"四个管住"的提出背景，明白其重要性
- 掌握管住计划、队伍、人员和现场的核心思想
- 知悉管住计划、队伍、人员和现场四者的关系

知识脉络

"四个管住"背景
- ① 负起践行安全发展理念重责
- ② 适配生产形势变化实现需求
- ③ 达到防控风险防范事故目的

"四个管住"内涵
- ① 管住计划是源头
- ② 管住队伍是基础
- ③ 管住人员是关键
- ④ 管住现场是核心

知识讲解

第一节 "四个管住"背景

　　党的十八大以来，习近平总书记高度重视安全生产工作，作出了一系列安全生产的重要论述，一再强调要统筹发展和安全。为深入贯彻习近平总书记关于安全生产的重要论述，同时适配生产形势变化的现实需求，切实防控安全生产风险，防范人身伤亡事故，2020年11月，国家电网公司在总结安全生产管控经验的基础上，提出了"四个管住"的生产作业风险管控方法和思路，并持续丰富"四个管住"的思想内涵和具体做法，旨在通过管住计划、管住队伍、管住人员、管住现场，全面加强作业风险安全管控，坚决守住安全生产生命线。

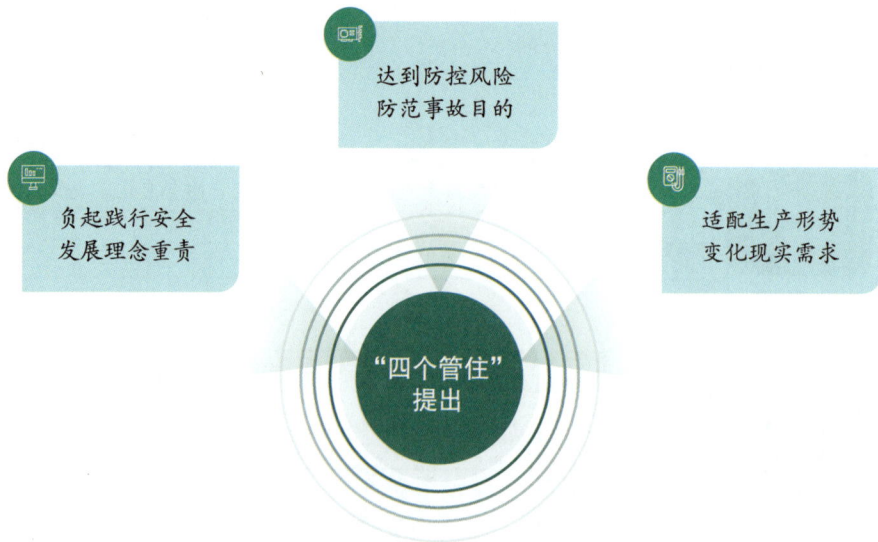

达到防控风险
防范事故目的

负起践行安全
发展理念重责

适配生产形势
变化现实需求

"四个管住"
提出

一、负起践行安全发展理念重责

　　习近平总书记多次强调，要树牢安全发展理念，加强安全生产监管，坚持以人为本、以民为本，坚持发展绝不能以牺牲人的生命为代价，要始终将安全生产放在首要位置，切实维护人民群众生命财产安全。国家电网公司作为关系国民经济命脉和国家能源安全的中央企业，践行安全发展理念更是责无旁贷。公司党组高度重视安全生产工作，要求牢固树立"四个最"意识，始终把安全生产工作摆在各项工作的首位，守住公司安全生产"生命线"。落实到具体的安全生产工作中，就是要最大限度保护每名电力生产人员劳动安全，将保人身安全工作的中心聚焦到作业现场中来，紧紧围绕作业风险防控关键要素，采取更加有力有效措施，严格监督管控，倒逼和调动参与各方力量，从源头上、根本上、体制上强化安全管理，织密作业风险"防护网"，筑牢人身安全"防火墙"，扛起"零死亡"责任担当。

二、适配生产形势变化现实需求

当前，我国仍处在经济改革与社会转型、工业化与城市化加快推进阶段，安全生产总体仍处于爬坡过坎期，社会层面市场机制不完善、安全诚信体系不健全、企业安全主体责任不落实、从业人员安全技能素质能力偏低等深层次矛盾和问题突出。随着国家电网公司生产经营规模的逐年壮大，在作业组织模式和现场用工方式上，越发多元化和社会化，外包分包领域安全管理问题多、外来队伍人员管控难度大等社会性安全生产"顽疾"在公司各类作业现场同样突出。2016年，国家首次以党中央、国务院名义出台《中共中央国务院关于推进安全生产领域改革发展的意见》，用改革的举措推进解决安全生产领域重点关键问题。这就要求我们必须认清内外部安全形势，遵循安全生产规律，聚焦外包分包等环节上的安全管理短板，在推进公司基建配套改革、施工类集体企业体制机制变革的同时，进一步强化与改进安全管理方式方法，针对性采取有力有效措施，多管齐下、标本兼治，牢牢把住现场安全的核心要素和关键环节，确保每项计划、每支队伍、每名人员、每个现场可控、能控、在控。

三、达到防控风险防范事故目的

当前公司电网运行、设备检修、建设施工任务繁重，现场点多面广，大量建设施工、生产检修工作由外包分包单位承担，各类作业现场外包人员占比逾 7 成，分析近十年以来公司发生的较大人身事故，90%发生在外包分包集中的施工领域，集中暴露了计划管控不细、队伍管理不严、人员违章频发、现场管控缺位等问题。按照中央"新基建"部署，在"十四五"期间，公司电网建设投资规模仍将持续保持高位、"新业务、新业态"不断发展，安全生产"新情况""老问题"交织叠加，形势严峻、压力巨大。总结历史经验教训，认清安全生产形势，一方面要推进解决久治不愈的"老问题"，另一方面又要防范层出叠现的"新情况"，这就要求我们必须牢牢把握安全管理的核心和根本，坚持问题导向，紧盯安全风险防控的薄弱环节，采取有效的事前、事中和事后控制措施，依靠严密的计划（风险）管理指挥体系、严格的作业准入管控工作机制、有效的现场安全管控手段和平台载体、有力的安全资信评价惩戒措施，切实管住计划、队伍、人员和现场作业关键环节，有效防范作业风险，坚决守住安全生产生命线，为建设具有中国特色国际领先的能源互联网企业提供坚强安全保障。

第二节 "四个管住"内涵

"四个管住"即"管住计划、管住队伍、管住人员、管住现场"。计划、队伍、人员、现场是四个要素，彼此联系、互相融合。其中，计划是作业风险管控的源头，队伍是保障现场作业安全的基础，人员是作业风险管控措施落实的关键，现场是风险管控和安全措施聚焦的核心。"四个管住"就是紧紧围绕这四个要素，综合运用管理和技术手段，在关键环节协同发力、严格管控，切实规范施工作业组织管理，实现作业风险全过程可控、能控、在控。

管住计划	计划是作业风险管控的源头
管住队伍	队伍是保障现场作业安全的基础
管住人员	人员是作业风险管控措施落实的关键
管住现场	现场是风险管控和安全措施聚焦的核心

（四个管住）

一、管住计划是源头

计划先行是为了保证生产作业能够有条不紊地展开落实，而管住计划就为了保障计划更加科学、合理、有针对性。计划管理是建立和维持良好生产作业秩序的前提，各级管理人员能遵循科学的作业计划，根据生产作业任务进展，参考分析作业风险情况，科学组织安排施工、管理等资源力量投入，有针对性地部署安全防范措施，实现作业风险的有效防控。管住计划即要求各级管理人员牢牢抓紧作业计划，通过科学严格的计划管控，对作业组织管理进行超前谋划、超前准备，合理安排资源分配，强化作业计划编审批管理，准确辨识作业风险并评估，制定对应的风险控制措施，实现风险的超前预防和事故防范管控的前移，为"管住队伍、管住人员、管住现场"提供管理和资源的源头保障。

小贴士

"管住计划"管控流程主要包含：
作业计划编制、风险辨识评估、风险分级、计划发布、风险公示和计划管控等，并依托安全风险管控平台实现对各专业计划管理的在线全过程监督管控。

二、管住队伍是基础

队伍是作业生产组织实施的载体，安全责任意识强、专业知识过硬、证照资质齐全、技术技能水平高、执行能力强的队伍，是保障现场作业安全有序组织和实施的基础。管住队伍要求充分运用法治化和市场化手段，通过建立公平、公正、公开的安全准入和退出机制，对施工队伍实行作业全过程安全资信动态评价，采取负面清单制、黑名单制等管控措施，尊重市场规律、优胜劣汰，对资质不符、态度不端、安全记录不良的队伍，采取停工、停标等退出处理措施，让懂管理、合资质、有技术、有能力的队伍准入作业现场，为"管住现场"提供基础保障。

> **小贴士**
>
> **"管住队伍"管控流程主要包含：**
> 队伍准入管理、安全资信动态评价、负面清单、"黑名单"、考核管理等。

三、管住人员是关键

人员是队伍的组成部分，是队伍水平的决定因素，也是现场作业和管控措施执行的主体，更是作业风险管控最关键因素。人具有主观意识与主观能动性，使其成为作业风险管控中最活跃的不稳定因素，导致管理人员成为安全生产管理中最大的重点难点。管住人员即通过建立完善的安全制度规范体系，对各类作业人员实施严格的安全准入考试与评价，对其违章行为采取记分管控，采取红黄牌制与连带责任制，实施安全激励约束，强化人员全方位、全过程的监督管理。力求做到以安全制度规范人、用监督管控约束人、拿安全绩效引导人，做到"知信行"合一，切实增强作业人员主观安全意识和能力，规范人员的生产作业行为，为"管住现场"提供关键保障。

小贴士

"管住人员"管控流程主要包含：
全员安全教育培训、特种作业人员资格审查、安全等级认证、违章记录和积分管理，人员安全准入与退出机制，安全激励约束机制等。

四、管住现场是核心

现场是生产要素和管理行为动态交汇的场所，也是作业风险管控的落脚点，而管住现场则是构建"流程规范、措施明确、责任落实、可控在控"生产作业安全管控机制的最终目的。管住现场就是在管住计划、管住队伍、管住人员的基础上，充分应用数字化智能管控手段，依托安全风险管控监督平台和各级安全管控中心，发挥专业保证和监督体系协同管控作用，强化作业全过程、现场全覆盖的安全监督管控，严格督促各个生产作业环节的安全管控措施有效落实，确保作业安全有序实施。

小贴士

"管住现场"管控流程主要包含：
现场安全措施布置、安全技术交底、现场作业监护、到岗到位管控、监督考核、科技支撑以及安全生产风险管控平台建设、安全管控中心建设、数字化安全管控智能终端应用等。

本章小结

本节主要讲了"四个管住"背景及内涵，其中"四个管住"的背景内容中，我们主要从"负起践行安全发展理念重责""适配生产形势变化现实需求"和"达到防控风险防范事故目的"三个方面进行了介绍；"四个管住"内涵中，我们介绍了"管住计划""管住队伍""管住人员"和"管住现场"四者的关系——管住计划是源头、管住队伍是基础、管住人员是关键、管住现场是核心。

任务测试

1. 请简述"四个管住"提出的背景。

小提示

① 负起践行安全发展理念重责。
② 适配生产形势变化现实需求。
③ 达到防控风险防范事故目的。

2. 在"四个管住"的内涵中，包括哪四个要素？它们之间的关系是什么？

小提示

计划、队伍、人员和现场这四个要素，彼此联系、互相融合。计划是作业风险管控的源头，队伍是保障现场作业安全的基础，人员是作业风险管控措施落实的关键，现场是风险管控和安全措施聚焦的核心。

3. "管住现场"的管控流程主要包括哪些内容？

小提示

"管住现场"的管控流程主要包含：现场安全措施布置、安全技术交底、现场作业监护、到岗到位管控、监督考核、科技支撑以及安全风险管控监督平台建设、安全管控中心建设、数字化安全管控智能终端应用等。

第二章 "四个管住"体系建设

本章聚焦

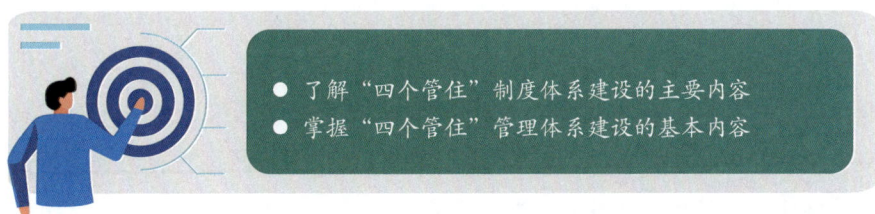

- 了解"四个管住"制度体系建设的主要内容
- 掌握"四个管住"管理体系建设的基本内容

知识脉络

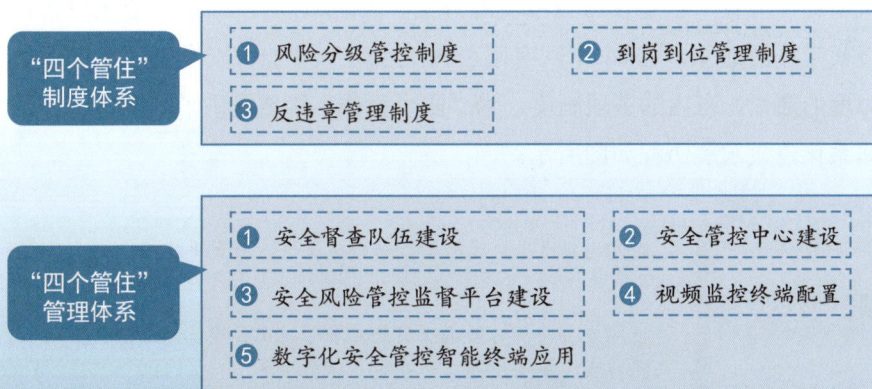

"四个管住"制度体系
- ❶ 风险分级管控制度
- ❷ 到岗到位管理制度
- ❸ 反违章管理制度

"四个管住"管理体系
- ❶ 安全督查队伍建设
- ❷ 安全管控中心建设
- ❸ 安全风险管控监督平台建设
- ❹ 视频监控终端配置
- ❺ 数字化安全管控智能终端应用

知识讲解

第一节 "四个管住"体系建设发展历程 ════

自 2012 年十八大召开至今，国家电网公司深入贯彻习近平总书记关于安全生产的重要论述和讲话精神，牢固树立"生命至上、安全第一"的安全发展理念，积极推进安全生产治理体系和治理能力建设，在深入总结安全生产理论、发展实践和事故教训基础上，系统提出了"四个管住"作业风险管控策略——规范作业计划管理，推行队伍人员安全准入，建立三级安全管控中心和督查队伍，强化到岗到位和"四不两直"安全督查，推进数字化安全管控体系建设，严肃查纠现场违章行为，全力防范人身伤亡事故。

自"四个管住"提出以来，为进一步健全完善安全生产规章制度、工作规程、技术标准和实施细则，规范作业计划、队伍、人员和现场管控，从 2019 年至今，国家电网公司先后召开了多次会议，提出了《安全生产风险管控监督平台建设与应用转向方案》《关于进一步加强安全风险管控督察工作的通知》《国家电网有限公司关于进一步加大安全生产违章惩处力度的通知》在内的多项制度，为"四个管住"落地提供了制度保障。其体系化建设发展历程如图所示。

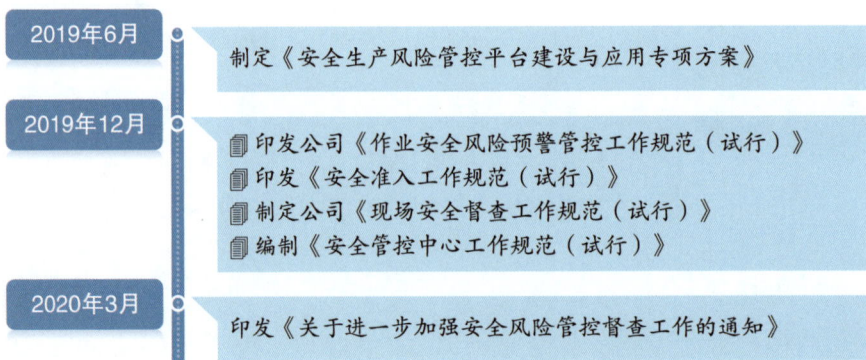

2019年6月	制定《安全生产风险管控平台建设与应用专项方案》
2019年12月	印发公司《作业安全风险预警管控工作规范（试行）》 印发《安全准入工作规范（试行）》 制定公司《现场安全督查工作规范（试行）》 编制《安全管控中心工作规范（试行）》
2020年3月	印发《关于进一步加强安全风险管控督查工作的通知》

2020年6月	印发《关于开展作业风险公示的通知》
2021年5月	国网公司召开"四个管住"评价工作推进会议
2022年2月14日	发布《国家电网有限公司关于进一步加大安全生产违章惩处力度的通知》（国网安监〔2022〕106号）
2022年4月7日	发布《国网安监部关于追加严重违章条款的通知》（安监二〔2022〕16号）
2022年4月18日	各级安全管控中心更名为"安全督查中心"
2022年5月9日	发布《国网安委办关于进一步加强反违章工作管理的通知》（国网安委办〔2022〕22号）
2023年4月13日	发布《国家电网有限公司关于进一步规范和明确反违章工作有关事项的通知》（国家电网安监〔2023〕234号）
2023年10月17日	修订印发《严重违章条款释义》（安监二〔2023〕48号）

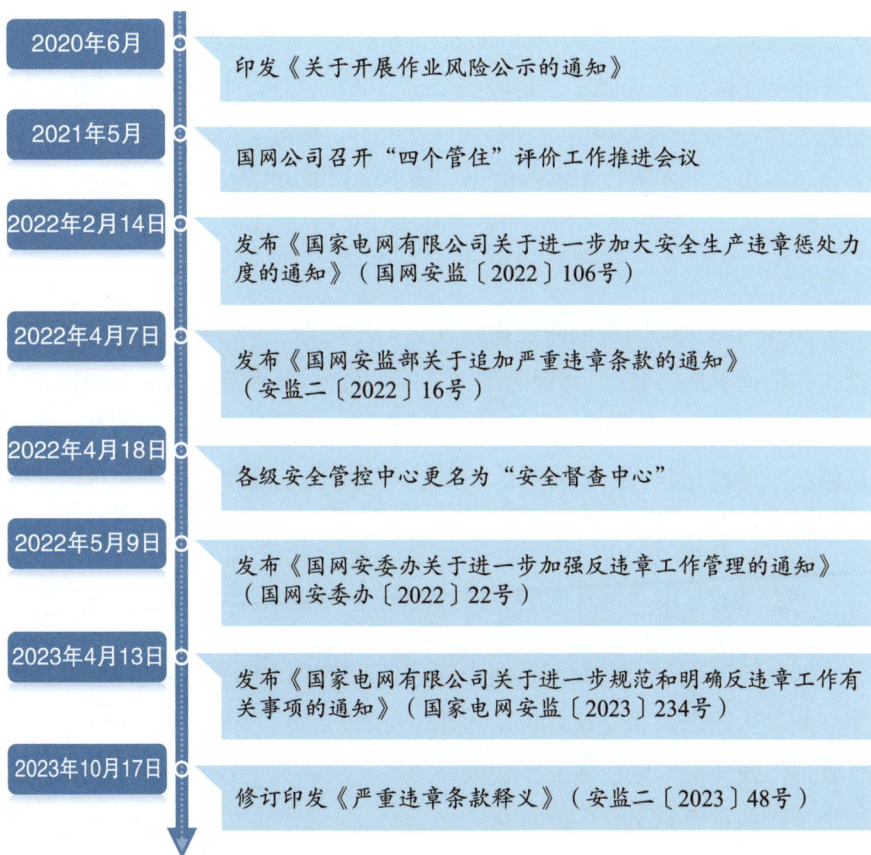

一、2019 年 推行安全准入，建设安全管控中心

2019 年 6 月，国家电网公司制定了《安全生产风险管控监督平台建设与应用专项方案》，组织相关单位开展安全风险管控监督平台试点建设。12 月，印发了公司《作业安全风险预警管控工作规范（试行）》《安全准入工作规范（试行）》，制定了《现场安全督查工作规范（试行）》、编制了《安全管控中心工作规范（试行）》。

其中，《作业安全风险预警管控工作规范（试行）》，统一了各类生产施工作业风险分级标准，健全了作业计划、风险评估管控等工作机制，进一步规范了作业安全风险管理；《安全准入工作规范（试行）》，以管住队伍、管住人员为核心，对进入公司生产经营区域从事生产施工作业的企业和人员全面实施安全资信报备、安全准入和动态安全评价管理;《现场安全督查工作规范(试行)》加强了公司级安全督查队伍管理,规范了作业现场安全督查工作;《安全管控中心工作规范(试行)》,规范了公司各级安全管控中心建设要求,工作流程和管控模式,加大了作业现场安全监督管理力度。

二、2020 年 安全风险督察力度的进一步加强

2020 年 3 月,国家电网公司印发了《关于进一步加强安全风险管控督查工作的通知》,制定了监理总部(分部)、省、地市三级安全风险监督管控周例会机制,以严抓作业风险组织管理。6 月,印发了《关于开展作业风险公示的通知》,组织各地市、县公司级单位全面开展本单位风险公示工作,强化全员安全风险告知与监督工作。

三、2021 年 "四个管住"评价工作推进会议

2021 年 5 月,公司召开"四个管住"评价工作推进会议,国网安监部主任刘润生同志出席会议并讲话。国网天津、江苏、安徽、辽宁电力就"四个管住"评价工作进行了工作交流公司进一步强调了做好"四个管住"和评价工作的重要意义。

四、2022 年 重拳出击狠抓"反违章"工作

2022 年国家电网公司安监部重拳出击,加大了现场安全管控力度,于2 月 14 日发布《国家电网有限公司关于进一步加大安全生产违章惩处力度的通知》(国网安监〔2022〕106 号),进一步规范了安全生产秩序,确保了反违章工作切实落地,重点提高了严重违章处罚级别,加大了对重复发生严重违章的惩处力度;4 月 7 日,针对各级安全事件及违章查纠暴露出的安全管理薄弱环节,再次追加了 12 条严重违章条款,发布了《国网安监部关于追加严重违章条款的通知》(安监二〔2022〕16 号);4 月 18 日,各级安全管控中心更名为"安全督查中心",以充分发挥各级安管督查队伍的安全监督作用;5 月 9 日,发布了《国网安委办关于进一步加强反违章工作管理的通知》(国网安委办〔2022〕22 号),进一步加大了违章检查治理力度。

五、2023年 "反违章"工作的进一步规范

2023年4月13日，发布了《国家电网有限公司关于进一步规范和明确反违章工作有关事项的通知》（国家电网安监〔2023〕234号），其中编制了《典型违章库》，进一步规范反违章工作开展，提升工作质效，守牢人身"零死亡"防线。同时还明确了反违章工作原则、标准和要求，为反违章工作的落实提供依据。

第二节 "四个管住"制度体系建设

制度是企业组织资源实现管理目标的基础，是开展各项工作的依据。合理规范的制度是企业降低成本，提高管理效率，实现工作目标的有力保障。为进一步规范作业计划、队伍、人员、现场的管控标准和流程，国家电网公司通过"四个管住"制度体系建设，建立了安全管理长效机制，为安全生产提供了坚实保障。

"四个管住"制度体系的主要内容具体如图所示。

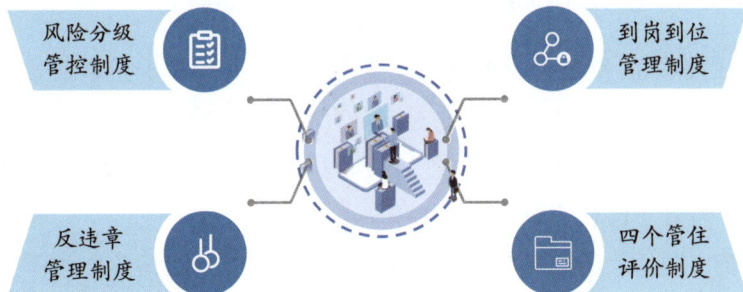

一、风险分级管控制度

为贯彻公司安全生产工作部署，践行"人民至上、生命至上"理念，进一步加强生产现场作业风险管控，提升现场作业安全水平，国家电网公司制定了进一步加强生产现场作业风险管控重点措施及相关专业实施细则，要求各单位把防控现场分级作业风险摆在更加突出的位置，加强组织领导，强化责任和措施落实，全面提高作业人员安全意识、作业风险辨识

能力和现场安全管控水平，确保不发生作业现场人身伤亡事故、恶性误操作事件以及运维检修管理责任的故障跳闸（临停）事件。

"风险分级管控制度"聚焦人身风险，综合考虑设备、电网风险，统筹考虑多维度风险因素，坚持"源头防范、分级管控"的原则，推行"一表一库"，结合三级生产管控中心建设，构建了生产现场作业"五级五控"风险防控体系，即如图所示：Ⅰ至Ⅴ级作业风险和总部、省公司、地市级单位、县公司级单位、班组及供电所五级管控。

	一级作业风险（极高风险）	二级作业风险（高度风险）	三级作业风险（显著风险）	四级作业风险（一般风险）	五级作业风险（稍有风险）
五级	指作业过程存在极高的安全风险，即使加以控制仍可能发生人身重伤或死亡事故	指作业过程存在很高的安全风险，不加控制容易发生人身死亡事故	指作业过程存在较高的安全风险，不加控制可能发生人身重伤或死亡事故	指作业过程存在一定的安全风险，不加控制极有可能发生人身轻伤事件	指作业过程存在较低的安全风险，不加控制有可能发生未遂人身安全事件
五控	总部	省公司	地市级	县公司级	班组及供电所

二、到岗到位管理制度

人们常说质量是企业生存和发展的生命线。相对于质量运营管理而言，安全显得更为重要。特别是对安全有着特殊要求和需要的电力企业而言，安全管理作用和意义更为重大。所以，日常安全运营管理务必"到岗到位"，万万不可有丝毫大意和掉以轻心。

"到岗到位"的意义在于它要求员工在日常安全管理工作中不但要发现问题，还要善于挖掘出存在的安全隐患，更要能够及时解决问题。不但要在某一特定工作环境和某一需要阶段能够发现问题，更要全方位、全过程持之以恒地在日常中发现问题、解决问题，从而保证安全。

基于此，国家电网公司严格落实作业风险安全管控工作要求，按照分级管控要求，建立健全生产作业到岗到位管理制度，明确到岗到位标准和工作内容，实行各层级管理人员到岗到位全覆盖。要求各级领导干部和生产管理人员，按照"管业务必须管安全"原则，对作业现场开展检查指导，督促现场人员落实安全责任，认真落实现场安全管控措施。

到岗到位遵循"统筹协调、确保实效"的方向，实行全面、全员、全过程、全方位的安全管理，以落实一级抓一级、一级对一级负责的安全责任制。到岗人员严格执行到岗到位计划安排，按"分层分级"原则，切实履行到岗到位要求与职责，其主要工作内容如图所示。

到岗到位人员应严格执行到岗到位计划安排
根据实际情况，采取计划和"四不两直"等方式，对作业任务进行全过程或分重点对关键时段、重要环节、重要地段以及承担作业任务的基层单位和班组，开展到岗到位督导检查，每月应不少于两次。对于业务外包工程，项目职能管理部门到岗到位每季度不少于1次，项目建设单位、监理单位、施工单位每月不少于2次

1

到岗人员应按"分层分级"原则，切实履行到位要求及职责
深入一线，掌握现场实情，解决实际问题，督导检查工作组织作业秩序、"两票三制"、安全措施、风险管控等情况，严肃查处违章现象，防范安全生产风险

2

三、反违章管理制度

违章是指在生产经营活动过程中，违反国家和行业安全生产法律法规、规程标准，违反公司安全生产规章制度、反事故措施、安全管理要求等，可能对人身、电网、设备和网络信息安全等构成危害并容易诱发事故（事件）的管理的不安全作为、人的不安全行为、物的不安全状态和环境的不安全因素。

在电力企业生产工作中，高达95%以上的生产安全事故是由于违章而引发的。因此，为保障电力企业员工的人身安全，保证电力企业的安全生产，必须坚决杜绝违章，预防工伤事故的发生，这是电力企业安全管理工作中一项重要工作。

基于此，为加强生产作业现场的安全管理，有效遏制违章指挥、违章作业、违反劳动纪律等违章行为，避免发生人身伤亡和设备财产损失事故，国家电网公司深入贯彻"落实责任、健全机制、查防结合、以防为主"的反违章原则，建立了行之有效的预防违章和查处违章工作机制，以发挥安全保障体系和安全监督体系的共同作用，其主要内容如图所示。

违章类型

1 管理违章
各级领导、管理人员不履行岗位安全职责，不落实安全管理要求，不健全安全规章制度，不执行安全规章制度等的各种不安全作为

2 行为违章
现场作业人员在电力建设、运行、检修、营销服务等生产活动过程中，违反保证安全的规程、规定、制度、反事故措施等的不安全行为

3 装置违章
生产设备、设施、环境和作业使用的工器具及安全防护用品不满足规程、规定、标准、反事故措施等的要求，不能可靠保证人身、电网和设备安全的不安全状态和环境的不安全因素

严重违章

概念
可能直接造成人身、电网、设备事故，或虽不直接对人身、电网、设备造成危害，但性质恶劣的违章现象

要求
违章查处单位：及时下发违章通知单，并在通知单中注明严重违章

责成违章单位：对照公司《安全工作奖惩规定》关于安全事件的追责条款，按照"三个必须"原则对违章责任人和负有管理责任人员进行惩处

一般违章

概念
对人身、电网、设备不直接造成危害，且达到严重违章标准的违章现象

要求
违章查处单位：及时下发违章通知单，责成违章单位整改

违章查处单位：在周（月）安全例会上对违章问题进行曝光，并在本单位范围内发文通报

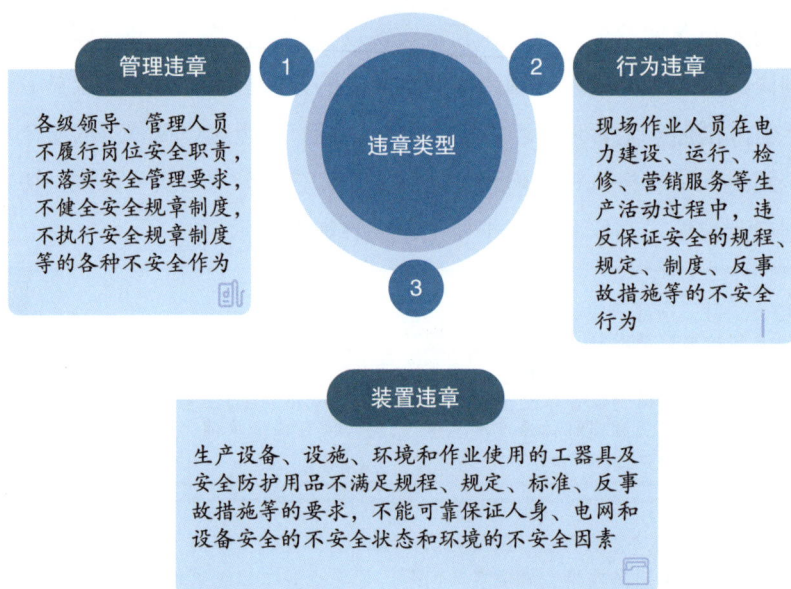

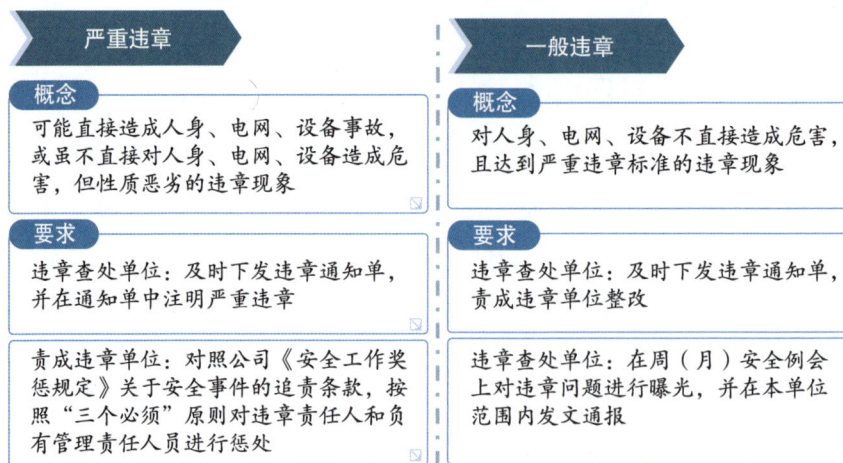

四、"四个管住"评价制度

为贯彻落实公司关于强化作业现场安全管控的各项要求，切实防范人身安全风险，国家电网公司按照"常态开展、分级覆盖"原则，对各级单位"四个管住"工作落实情况进行评价，通过持续评价、整改提升、成果固化的过程循环，推进"四个管住"工作规范化、标准化，持续提升作业

风险管控能力,全力防范人身安全风险。

"四个管住"管控工作评价指标体系,按照《国网安委办关于推进"四个管住"工作的指导意见》要求,共设置3方面10个评价要素,共计57项评价指标。其评价具体内容如图所示。

重点内容评价指标

管住计划
- ✓ 计划管理:计划及时性、计划全面性、计划规范性
- ✓ 风险识别:现场勘察
- ✓ 评估定级:风险定级
- ✓ 管控措施制定:措施编制与审核
- ✓ 作业风险管控督查例会:作业风险管控督查例会
- ✓ 风险公示告知:风险公示、风险告知

管住队伍
- ✓ 队伍准入:队伍安全资信档案库、资信条件、资信审核
- ✓ 动态评价:企业安全记分、动态评价
- ✓ 考核退出:负面清单

管住人员
- ✓ 人员准入:人员安全资信档案库、准入考试
- ✓ 动态管控:人员实名制管控、人员安全记分
- ✓ 考核奖惩:负面清单

管住现场
- ✓ 作业管控:作业组织、作业交底、措施执行、作业终结
- ✓ 到岗到位:到岗到位执行
- ✓ 现场督查:视频督察情况、违章查处、单位覆盖、专业覆盖、分级覆盖

支撑体系评价指标

安全制度体系建设

✓制度体系：制度体系

风险管控平台建设

✓平台验收情况：功能性、实用性
✓数据贯通情况：字段完整率、推送及时率、数据准确率

安全督查队伍建设

✓组织机构：人员配置与能力
✓技术支撑：装备配备与安全投入
✓工作流程：督察计划、现场督察、通报整改、统计分析

视频监控终端配置

✓视频终端日常管理：视频终端配置、设备管理
✓视频终端现场应用管理：视频终端监督考核

安全管控中心建设

✓组织机构：机构健全、人员要求
✓场地设施：中心场地、功能区域
✓日常管理：值班管理、分析通报、评价考核

数字化安全管控
智能终端应用

✓数字化工作票：数字化工作票流程
✓数字化终端：边缘计算装置应用
✓违章智能识别：智能识别能力
✓安全工器具实物ID：安全工器具识别
✓单兵执法记录仪：装备配置

第三节 "四个管住"管理体系建设

为贯彻落实公司关于安全生产工作部署，牢固树立"四个最"意识，坚持"三杜绝、三防范"安全目标，全力推进"四个管住"策略有效落地、落实，国家电网公司提出了安全督查队伍建设、安全管控中心建设、安全风险管控监督平台建设、视频监控终端配置、数字化安全管控智能终端应用这五方面建设要求，围绕"一平台、一终端、一队伍、一中心"，不断丰富"四个管住"实施技术手段，从组织管理和技术手段上做好工作支撑，确保各项要求刚性执行。

一、安全督查队伍建设

国家电网公司以"能力相匹配、专业相适应"为原则，组建省、市、县三级安全督查队伍，并配以专（兼）职督查人员和督查装备，通过"四不两直"督察、远程视频督查、区域互查、专项检查等方式，对作业现场实施全面、全员、全过程、全方位监督。安全督查人员具体要求如图所示。

01	02	03
安全督查人员应熟悉安全生产相关专业知识和规章制度，具备一定文字处理能力。	安全督查人员应具备相应专业的现场工作经验，具备较强的责任心和原则性。	安全督查人员必须经培训考试合格后方可担任。

二、安全管控中心建设

为加大各类作业安全监督管理力度，提升安全管控水平，国家电网公司按照"分级建设、一体化运作"模式，组建了省、市、县三级安全管控中心，按照"分级管控、各有侧重、协同有序"的原则，依托安全风险管控监督平台和相关专业管理系统、现场监控设备，对作业计划、作业队伍、作业人员、作业现场开展全覆盖安全监管，充分发挥了安全管控中心作业安全监督的枢纽作用。

其主要功能内容如图所示。

值班管理	分析通报	评价考核
值班时间按照"工作不停、监控不断"的原则，根据每日作业计划和现场作业情况开展轮换值班。	各级安监部门对中心运转和监控情况每月开展工作成效评价考核。	各级中心根据日常管控情况及审核会商结果，编制安全管控日、周、月工作报告及专项分析报告，经安监部门审核后进行通报。

三、安全风险管控监督平台建设

为积极推进"大云物联智链"等先进技术与安全生产的深度融合，提升电网安全运行水平和公司安全生产管控能力。国家电网公司遵循"统一设计、差异建设"的原则，采取"两级部署、多级应用"的模式，建设跨部门、跨业务协作的安全风险管控监督平台，统一提供安全生产相关数据接入、数据分析、数据展现等服务，加快安全监督力量与风控平台功能深度融合，全面支撑作业风险管控，为实现作业现场督查全覆盖、作业计划全覆盖、作业队伍人员全覆盖，实现各类安全事件的"事前风险预控、事中应急处置、事后分析评估"全流程可视、可控提供坚强技术支撑。

安全风险管控监督平台支持省、市（县）公司在总部顶层设计要求下开展个性化定制。平台提供存储、计算、分析模型构建和基础共性分析能力，支持第三方优良算法集成接入，通过定制协议持续扩展接入各类终端设备，以微服务方式支撑各类微应用建设，群策群力、共建共享，推进科技兴安生态圈良性发展，如图所示。

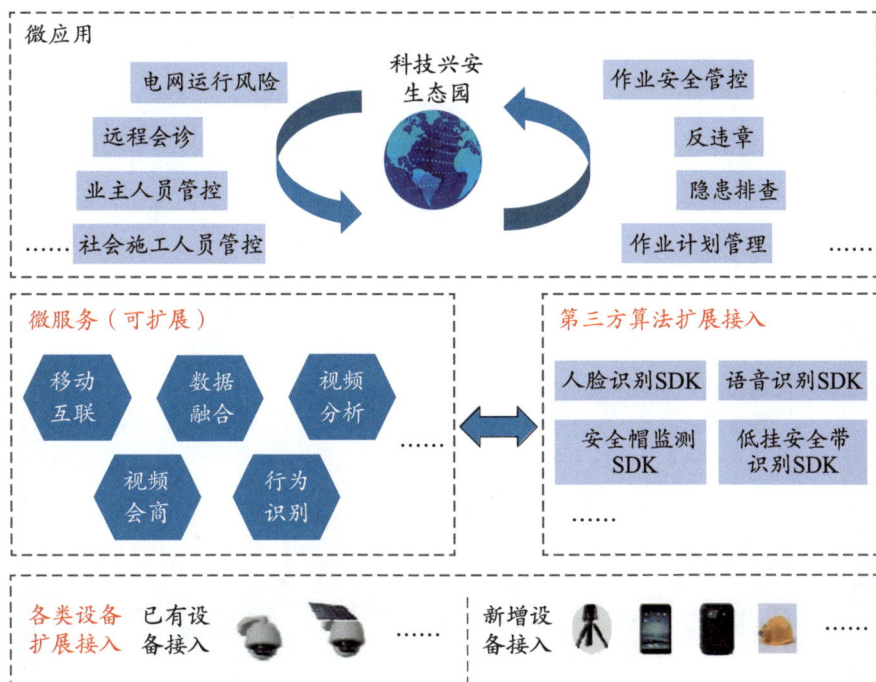

四、视频监控终端配置

加大视频监控终端配置，丰富终端类型和组合方式，规范监控终端保管、调拨、使用、维护、网络安全等日常管理，优化视频接入、存储、共享模式，保证作业现场视频监控"全覆盖"、大型复杂现场全程监控"无死角"。

五、数字化安全管控智能终端应用

当前，新一代人工智能正在全球范围蓬勃兴起，为经济社会发展注入新动能,正在深刻改变人们的生产生活方式。为满足公司数字化转型升级的需求、赋能数字化发展,国家电网公司围绕管住计划、管住队伍、管住人员、管住现场"四个管住"要求,落地"四个一"(一平台、一终端、一中心、一队伍)数字化安全管控模式,积极探索安全管控智能终端的研发应用。

数字化安全管控智能终端利用边缘计算技术,在现场直接处理各类数据信息,具有响应速度快、传输延迟小的特点,可以第一时间开展违章判定、风险提醒、违章自动告警和信息推送,极大缩短现场问题和违章情况发现、判定、告知及处理的时间,减轻了安全管控人员工作强度,提升了安全管控时效性。其架构如图所示。

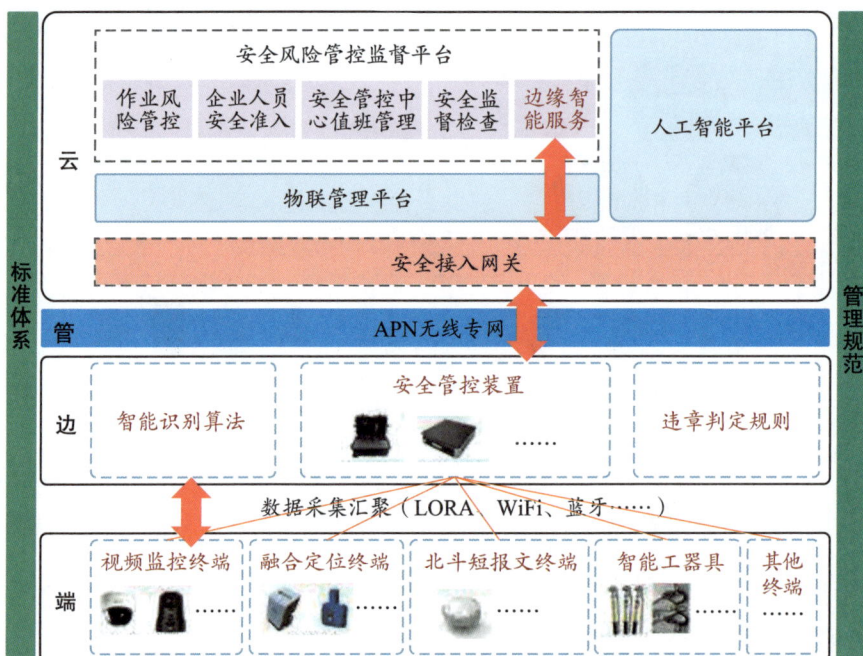

本章小结

本章介绍了"四个管住"管理体系和制度体系的发展历程及主要建设

内容。其中"四个管住"制度体系建设主要包括：风险分级管控制度、到岗到位管理制度、反违章管理制度和"四个管住"评价制度四大制度内容；"四个管住"管理体系建设以落地"四个一"（一平台、一终端、一中心、一队伍）为依托，主要包括：安全督查队伍、全督查中心、安全风险管控监督平台、视频监控终端配置和数字化安全管控智能终端应用五方面建设要求。

任务测试

1. 请简述出针对"反违章"，国家电网公司主要发布了哪些政策制度？

小提示

2022 年国家电网公司安监部重拳出击，加大了现场安全管控力度，于 2 月 14 日发布《国家电网有限公司关于进一步加大安全生产违章惩处力度的通知》（国网安监〔2022〕106 号）；4 月 7 日，发布了《国网安监部关于追加严重违章条款的通知》（安监二〔2022〕16 号）；5 月 9 日，发布了《国网安委办关于进一步加强反违章工作管理的通知》（国网安委办〔2022〕22 号）。

2023 年 4 月 13 日，发布了《国家电网有限公司关于进一步规范和明确反违章工作有关事项的通知》，其中编制了《典型违章库》，进一步规范反违章工作开展，提升工作质效，守牢人身"零死亡"防线。同时还明确了反违章工作原则、标准和要求，为反违章工作的落实提供依据。

2. 请简述出"四个管住" 管控工作评价指标主要包括哪些？

小提示

"四个管住"管控工作评价指标体系，按照《国网安委办关于推进"四个管住"工作的指导意见》要求，共设置 3 方面 10 个评价要素，共计 57 项评价指标。其中，三个方面分别是指：工作目标评价、重点内容评价和支撑体系评价；10 个评价要素 57 个评价指标分别是：管住计划、管住队伍、管住人员和管住现场的 4 个要素 30 个评价指标和支撑体系建设的 6 个要素（安全制度体系建设、安全督查队伍建设、安全管控中心建设、安全风险管控监督平台建设、视频监控终端配置、数字化安全管控智能终端应用）26 个评价指标。

第三章 管住计划

本章聚焦

- 了解计划管理的原则、过程、要求以及评价指标
- 掌握计划管理的具体要求

知识脉络

六个原则
1. 计划管理规范化
2. 风险识别精准化
3. 评估定级标准化
4. 措施制定专业化
5. 督查例会常态化
6. 风险公示透明化

计划管理过程
1. 计划编制
2. 计划协调
3. 计划审核
4. 计划发布
5. 计划执行

计划管理要求
1. 计划管理
2. 作业准备
3. 风险预控
4. 风险公示告知

管住计划评价指标
1. 计划管理
2. 风险识别
3. 评估定级
4. 管控措施制定
5. 作业风险管控督查例会
6. 风险公示告知

知识讲解

第一节　计划管理原则

　　计划是作业风险管控的源头，建立完善的作业计划管控规范，强化作业计划编审批管理，能为管住队伍、人员、现场提供管理及资源的源头保障。

　　计划管理需要遵循六大原则，包括：

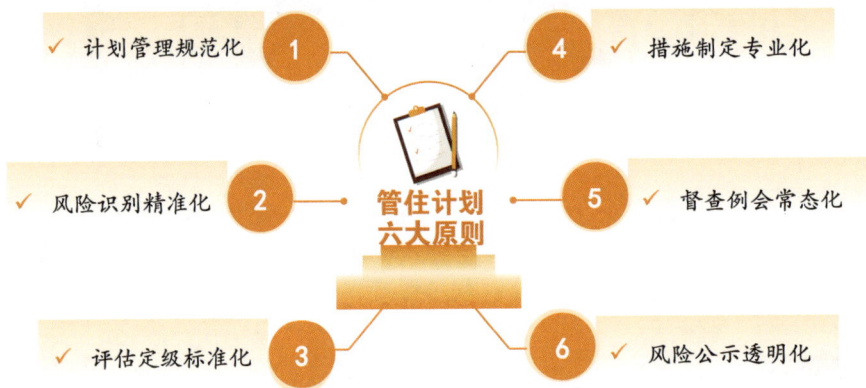

原则一：计划管理规范化

　　计划管理是建立和维持良好生产作业秩序的前提，各级管理者根据任务进展、作业风险情况，科学组织施工、管理等资源力量投入，有针对性地部署安全防范措施，规范计划管理，实现对作业风险的有效防控。各单位的作业任务应及时、全面、并按要求纳入作业计划管控，促进计划管理规范化。

原则二：风险识别精准化

　　作业任务确定后，各单位应根据作业类型、作业内容，规范组织开展现场勘察、危险因素识别等工作，为风险识别提供可靠数据，以保证风险识别精准化。

原则三：评估定级标准化

现场勘察结束后，编制"三措"、填写"两票"前，应围绕作业计划，针对作业存在的危险因素，全面开展风险评估定级，评估出的危险点及预控措施应在"两票""三措"等中予以明确。

在现场作业管控中全面应用"一表一库"，综合考虑设备重要程度、运维操作风险、作业管控难度、工艺技术难度等因素，建立各类典型生产作业风险分级表；提炼关键工序，细化风险辨识和防范措施，建立检修工序风险库。依托作业风险分级表，强化作业全流程差异化管控，保证评估定级标准化。

原则四：措施制定专业化

作业风险评估定级完成后，作业单位应根据现场勘察结果和风险评估定级内容或作业类型、作业内容制定管控措施，编制审批"两票""三措一案"，提前控制安全风险，坚决杜绝超负荷、超能力作业。作业风险管控措施由作业班组、相关专业管理部门和单位分级策划制定，并经逐级审批后执行，保证管控措施编制与审批专业化。

原则五：督查例会常态化

省公司、地市公司级单位应围绕作业计划，以专业管理为核心，按周组织作业风险管控工作督查会议，常态化对所属单位作业风险管控工作情况进行督查，构建作业风险分析预控和监督工作机制，强化作业组织管理，规范开展作业风险分析辨识、评估定级及管控措施督促执行等工作。

原则六：风险公示透明化

市、县公司级单位结合本单位和现场实际，明确作业风险公示告知形式和内容，通过网站主页、安全风险管控监督平台、移动作业 APP、现场公示牌等多种方式,透明化规范开展作业计划和风险公示告知,实现作业风险的全面公示、全员告知和全程监督,确保每名作业人员掌握工作内容、责任分工、风险因素和管控措施。

第二节　计划管理过程

　　各单位应建立作业计划管控体系,各级专业管理部门按照"谁主管、谁负责"分级管控要求,按照作业计划全覆盖的原则,严格执行"月计划、周安排、日管控"制度,加强作业计划与风险管控,健全计划编制、审批和发布工作机制,将各类作业计划纳入管控范围,明确各专业计划管理人员,落实管控责任,应用移动作业手段精准安排作业任务,坚决杜绝无计划作业。

　　各单位职责分工具体为:

公司各级安监部门	公司各级专业管理部门
☐ 牵头作业安全风险预警管控工作 ☐ 建立风险预警管控工作机制 ☐ 组织全过程监督、检查、评价、考核	☐ 负责本专业作业安全风险预警管控工作 ☐ 组织风险评估、定级、审核和发布 ☐ 组织落实风险管控措施
作业单位	建设管理单位
☐ 负责实施生产施工作业安全风险作业 ☐ 开展风险评估、定级、审核、发布、指定、落实风险管控措施	☐ 负责本单位输变电工程项目施工作业安全风险预警管控工作 ☐ 组织施工作业单位开展风险评估、定级、审核、发布和风险管控措施落实工作

一、计划编制

　　作业计划由业务部门编制,提交业务管理部门。此阶段,编制部门应根据设备状态、电网需求、基建技改及用户工程、保供电、气候特点、承载力、物资供应等因素，从计划必要性、紧迫性、可执行等方面考量，按照作业计划编制"六优先、九结合"原则，统筹协调生产、建设、营销、调度等各专业工作，科学编制作业计划，重点是作业计划内容完整正确、计划风险等级定性准确、相关到岗到位人员安排得当。

小贴士

六优先：
☐ 人身风险隐患优先处理；
☐ 重要变电站（换流站）隐患优先处理；
☐ 重要用户设备缺陷优先处理；
☐ 新设备及重大生产改造工程优先安排；
☐ 严重设备缺陷优先处理；
☐ 重要输电线路隐患优先处理。

九结合：
☐ 生产检修与基建、技改、用户工程相结合；
☐ 线路检修与变电检修相结合；
☐ 二次系统检修与一次系统检修相结合；
☐ 辅助设备检修与主设备检修相结合；
☐ 两个及以上单位维护的线路检修相结合；
☐ 同一停电范围内有关设备检修相结合；
☐ 低电压等级设备检修与高电压等级设备检修相结合；
☐ 输变电设备检修与发电设备检修相结合；
☐ 用户检修与电网检修相结合。

　　各单位的作业任务应统筹考虑月度停电计划、管理和作业承载能力等情况，按"周"进行平衡安排，细化分解到"日"，形成作业计划。其编制内容为：

🖋 年度作业计划编制

以年度运行方式调整、周期性定检、设备新检、工程项目实施、大修技改、隐患治理为基本依据，在每年度规定时间前完成编制本部门年度检修计划编制。

🖋 月度作业计划编制

各级单位应根据年度计划基础，安排周期性定检，结合设备消缺、负荷侧需求、新能源建设、反事故措施、基建技改及用户工程、保供电、气候特点、承载力、物资供应等因素编制调整月度检修计划内容。主要指10kV及以上设备停（带）电作业计划。

📌 日作业计划安排	📌 周作业计划编制
二级机构和班组应根据周作业计划，结合临时性工作，合理安排每日工作任务。	各级单位应依据月度计划，结合保供电、气候条件、日常运维需求、承载力分析结果等情况，综合结合工作必要性及紧迫性，统筹编制周作业计划。周作业计划宜分级审核上报，实现省、地市、县公司级单位信息共享。

二、计划协调

作业计划涉及多个部门或单位，由业务管理部门牵头，统筹考虑管理和作业承载能力，进行计划平衡协调，重点任务是明确作业风险，任务分工，工期安排、人员分工、工作票办理等，避免同时段高风险作业叠加。

（一）月度检修计划平衡

月度检修计划平衡主要涉及合并重复停电事项、拆分冲突停电事项和删除多余停电事项三方面，其具体内容为：

1. 合并重复停电事项

重复停电是指在当月有两次及以上的同一设备的停电。由于施工程序本身造成的重复停电需要施工单位再次优化施工流程，在两个施工单位都需要停用同一设备时，就需要调度将两项工作配合一起进行。

2. 拆分冲突停电事项

冲突停电是指应急通道或者第二电源线路在用电时间段有停电事项发生，需要按照主次关系将两者分开。一是为了保证电网的安全稳定运行，二是为了减少对外停电，提高供电可靠性。

3. 删除多余的停电事项，增加必要的停电事项

施工单位有时会在同一时间停用多个设备，以便有利于施工的灵活性。但是停电设备越多，对于电网安全越不利。

（二）周计划平衡

周计划平衡流程包括六步，具体为：

第一步 细化优化停电内容和范围

结合具体停电内容梳理停电范围是否合理、是否存在扩大停电范围等情况，保证停电范围满足停电内容需要，且停电作业内容要在停电设备范围内。目的在于两者相满足、匹配，避免造成停电范围过大，导致无谓停电，或者停电范围过小，导致计划额工作内容不满足工作条件。

第二步 精确把控停电时间

具体考虑工作难易程度、工序周期等，精准把控整个停电工作所需时间，对前期初步评估计划进行优化细化，目的在于保证整体工作全面开展，尽量减少设备停电的时间，尽早恢复设备供电。

第三步 分析明确各专业具体工作项目

明确各部门或班组各自承担的工作任务，目的在于交接清楚各自工作界面、明确责任划分，便于统筹协调，合作实施。

第四步 组织协调多部门工作票办理及工序事项

依据各专业承担的工作任务，考虑工作时长、复杂程度等因素，明确各部门或班组相关工序、明确工作票办理方式。

第五步 依据作业内容核查作业风险等级

根据实际作业内容，依据作业风险定级库精准定性作业风险等级。

第六步 灵活合理安排管理人员到岗到位

根据作业风险定级，按照要求合理精准地安排管理人员到岗到位。

三、计划审核

经过计划协调平衡后，初版的月度计划已形成，此时各业务部门月度计划经汇总合并后，由业务管理部门进行审核，此阶段，业务管理部门一方面重点考虑月度停电计划整体情况、包含整体作业数量、高风险数量、考虑整体承载力等因素；另一方面结合相关工作的紧迫性、必要性进行增减，同时对重点工作进行相关到位管理人员安排，最终确定计划实施。

四、计划发布

计划发布应由业务管理部门发布，一般计划发布分为年、月、周计划三类，目前主要以周计划为实施计划，因年度、月度计划变更较多，具有不确定性。信息发布应包括作业时间、电压等级、停电范围、作业内容、作业单位等内容；发布形式为内网平台公示，后由各计划业务部门，上传至风控平台。

五、计划执行

计划发布完成后，下一周的周计划需上传到安全风险管控监督平台中，各单位应按照每日计划进行分解执行。

（一）计划执行要点

1. 刚性执行	2. 分级管控	3. 全过程安全监督
实行作业计划刚性管理，禁止随意更改和增减作业计划，特殊情况需追加或变更，应履行审批手续，并经分管领导批准后方可实施。	按照"谁管理、谁负责"的原则实行分级管控。各级专业管理部门应加强计划编制与执行的监督，分析问题，定期通报。	各级安监部门应加强对计划管控工作的全过程安全监督，对无计划作业、随意变更作业计划等问题按照管理违章实施考核。

（二）移动作业 APP 应用

移动作业 APP 应根据人员角色具备作业计划接收、现场标准化管控，到岗到位、监督检查、安全培训以及人脸识别、扫码功能。一般由工作负责人、到岗到位把关人、安全督查人员、监理人员以及管理人员、一般作业人员使用。

1. 移动作业 APP 的现场作业应用

1. 现场作业前	2. 现场作业过程中	3. 现场工作结束后
做好准备工作，装设视频监控设备，通过移动作业 APP 与作业计划关联。	工作负责人要重点做好作业危险点管控，应用移动作业 APP 记录控制措施落实情况。	工作负责人应配合设备运维管理单位做好验收工作，核实工器具、视频监控设备回收情况，清点作业人员，应用移动作业 APP 做好工作终结记录。

2. 移动作业 APP 的现场督查应用

各级安监部门、安全督查队应用移动作业 APP 对作业现场开展督查，安全管控中心通过视频对作业现场开展督查。

省公司级单位	地市级单位	县公司及单位
重点督查全省区域范围内的二级作业风险现场，抽查部分三级作业风险作业现场。	重点督查本市（本单位）区域范围内的三级及以上作业风险现场，抽查部分四级、五级作业现场。	督查所辖区域范围内作业现场。

第三节　计划管理要求

管住计划就是要求各级管理人员抓牢作业计划这一龙头，通过严格的计划管控要求，做到对作业组织管理的超前谋划、超前准备，强化作业计划编审批管理，准确辨识、评估作业风险，合理制定风险控制措施，实现风险的超前预防和事故防范关口前移。为此，必须严格遵守计划管理各环节的相关要求。

一、计划管理

各级专业管理部门的计划管理水平的高低，取决于是否能保证计划的及时性、全面性、规范性。

（一）计划及时性

各单位的作业任务应统筹考虑月度停电计划、管理和作业承载能力等情况，按"周"及时进行平衡安排，细化分解到日，形成周作业计划。

周计划	● 风控平台周计划申报应在每周规定时间前完成信息发布，管理周期为下一个自然周 (周一到周日)。	日计划	● 根据填报的周计划进行分解。

重点要求：
周计划不得错过发布时间节点。

（二）计划全面性

生产检修改造、电网建设工程、配农网工程、装表接电、业扩工程、迁改工程、通信检修施工、网络信息作业、外部工程、发电检修改造、发电基建工程、综合能源项目、设备租赁项目、电工制造施工总承包项目、充电桩工程、小型基建工程等应全面纳入作业计划管控，严禁无计划作业。

重点要求：
安全生产风险管控系统计划"应报必报"，无计划不开工。

（三）计划规范性

各单位应结合平台应用，明确各专业计划管理人员，健全计划编制、审批和发布工作机制，严格计划编审、发布与执行的全过程监督管控。

作业计划应包括：

作业内容	作业时间	作业地点	作业人数	专业类型
风险要素	作业单位	工作负责人及联系方式		风险等级

重点要求：

① 计划、方案、工作票工作内容与现场保持一致。

② 计划风险定级准确。

③ 计划应刚性执行，不得随意取消。

④ 关键字段完整：如电网风险、到岗到位信息。

⑤ 关键字段正确：如是否停电与实际不符。

二、作业准备

作业任务确定后，各单位应根据作业类型、作业内容，规范组织开展现场勘察、危险因素识别等工作。

现场勘察应包括：工作地点需停电的范围，保留的带电部位等内容。

现场勘察应填写现场勘察记录，并作为作业风险评估定级、编制"三措"和填写、签发工作票（纸质或数字票）的依据。

现场勘察记录表

工程名称				工程地点			
勘查时间				勘查人			
机房楼层		运机方式	■ 电梯　□ 人力		机房出入通道		OK
设备位置	机架排列	见附图		楼层地面承重		OK	
				温度、湿度		OK	
				空间		OK	
	IPS 机架底座	□ 需要　■ 不需要		IPS 底座高度		mm	
	服务器机架底座	□ 需要　■ 不需要		服务器机架底座高度		mm	
	机房是否提供服务器统一机架	□ 提供　■ 不提供		服务器机架数量		个	
布线方式	■ 上走线　　线缆入口： □ 下走线						
交流电源220V	规格	3×6mm²	直流电源−48V	规格	16mm²		
	走线长度	m		电源走线长度		m	
	空气开关	OK		空气开关	OK		
	两路UPS	OK		两路	OK		
中继电缆	规格、阻抗	75 欧					
	IPS 到 DDF 架走线长度	m		8 芯中继线数量		根	
	DDF 侧同轴电缆连接器	L9 连接头		数量		个	
	同步时钟方式	□ 码流提取　■ 2M bits　□ 2M hz					
	专用外标线长度	m					
外部接口	至短信网关 CMNET 端口位置			百兆网线长度			
	至 BOSS 开销户 DCN 端口位置			百兆网线长度			
设备发货地址：				收货人及电话			
备注							
客户代表签字：		工程设计单位代表签字：			石科代表签字：		

（一）需要现场勘察的作业项目

需要现场勘察的作业项目：

1 变电站（换流站）主要设备现场解体、返厂检修和改（扩）建项目施工作业。

2 变电站（换流站）开关柜内一次设备检修和一、二次设备改（扩）建项目施工作业。

3 变电站（换流站）保护及自动装置更换或改造作业。

4 输电线路（电缆）停电检修（常规清扫等不涉及设备变更的工作除外）、改造项目施工作业。

5 配电线路杆塔组立、导线架设、电缆敷设等检修、改造项目施工作业。

6 新装（更换）配电箱式变电站、开闭所、环网单元、电缆分支箱、变压器、柱上开关等设备作业。

7 带电作业。

8 涉及多专业、多单位、多班组的大型复杂作业和非本班组管辖范围内设备检修（施工）的作业。

9 使用吊车、挖掘机等大型机械的作业。

10 跨越铁路、高速公路、通航河流等施工作业。

11 试验和推广新技术、新工艺、新设备、新材料的作业项目。

12 工作票签发人或工作负责人认为有必要现场勘察的其他作业项目。

（二）现场勘察主要内容

1 需要停电的范围
作业中直接触及的电气设备，作业中机具、人员及材料可能触及或接近导致安全距离不能满足《电气安全工作规程》规定距离的电气设备。

2 保留的带电部位
邻近、交叉、跨越等不需停电的线路及设备，双电源、自备电源、分布式电源等可能反送电设备。

3 作业现场的条件
装设接地线的位置，人员进出通道，设备、机械搬运通道及摆放地点，地下管沟、隧道、工井等有限空间，地下管线设施走向等。

4 作业现场的环境
施工线路跨越铁路、电力线路、公路、河流等环境，作业对周边构筑物、易燃易爆设施、通信设施、交通设施产生的影响，作业可能对城区、人口密集区、交通道口、通行道路上人员产生的人身伤害风险等。

5 需要落实的"反措"及设备遗留缺陷

（三）现场勘察要求

现场勘察记录要求

✓ 现场勘察应填写现场勘察记录。
✓ 现场勘察记录宜采用文字、图示或影像相结合的方式。
✓ 现场勘察记录内容包括：工作地点需停电的范围，保留的带电部位，作业现场的条件、环境及其他危险点，应采取的安全措施，附图与说明。
✓ 现场勘察记录应作为工作票签发人、工作负责人及相关各方作业风险评估定级、编制"三措"和填写、签发工作票（纸质或数字票）的依据。
✓ 现场勘察记录由工作负责人收执。勘察记录应同工作票一起保存一年。

现场勘察重点要求

✓ 计划停电时间有变更应复勘。
✓ 危险点及安全措施全面到位。
✓ 现场勘察应由工作负责人或工作票签发人组织。
✓ 三级及以上作业风险,设备运维管理单位人员应参加现场勘察。
✓ 现场勘察记录人员应手工签字确认。

三、风险预控

风险预控需要把控风险定级、措施编制与审批、风险管控督查例会这三个方面,落实每个环节的具体要求。

(一)风险定级

风险定级应根据不同作业类型设定对应风险定级标准,并细化作业风险分级,以达到标准化定级风险。

1. 不同类型作业风险定级参考标准

变电、输电、农配网工程、营销作业

参照《国家电网有限公司关于进一步加强生产现场作业风险管控工作的通知》以及《国网设备部关于进一步强化生产现场作业风险防控的通知》进行风险定级

二次生产作业

参照《国家电网有限公司关于进一步规范和明确反违章工作有关事项的通知》执行

迁改工程施工作业

参照上述对应专业风险定级要求执行

2. 细化作业风险分级

根据可预见风险的可能性、后果严重程度，作业安全风险分为一到五级，即极高风险、高度风险、显著风险、一般风险、稍有风险。作业风险定级应以每日作业计划为单元进行，同一作业计划（日）内包含多个工序、不同等级风险工作时，按就高原则确定。作业风险分级的内容为：

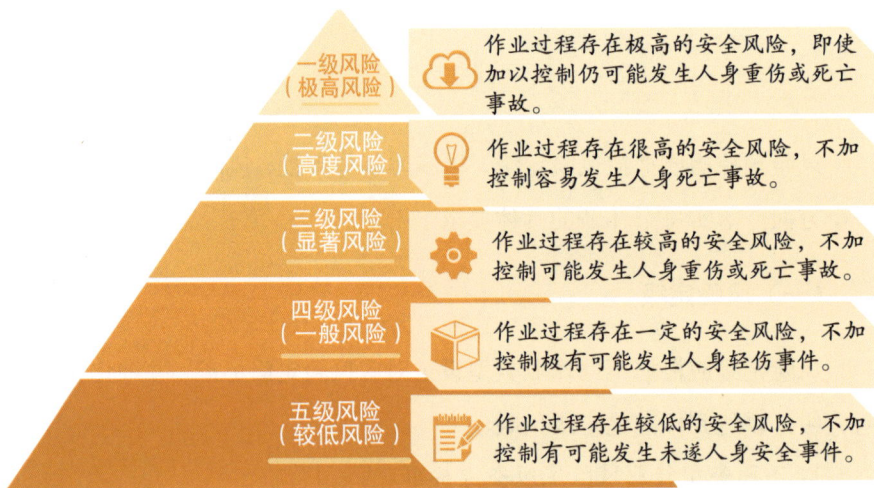

一级风险 （极高风险）	作业过程存在极高的安全风险，即使加以控制仍可能发生人身重伤或死亡事故。
二级风险 （高度风险）	作业过程存在很高的安全风险，不加控制容易发生人身死亡事故。
三级风险 （显著风险）	作业过程存在较高的安全风险，不加控制可能发生人身重伤或死亡事故。
四级风险 （一般风险）	作业过程存在一定的安全风险，不加控制极有可能发生人身轻伤事件。
五级风险 （较低风险）	作业过程存在较低的安全风险，不加控制有可能发生未遂人身安全事件。

重点要求：
计划风险定级准确。

（二）措施编制与审批

作业班组、相关专业管理部门和单位分级在作业风险评估定级后，策划制定作业风险管控措施，并逐级审批。

1. 管控措施主要内容

作业风险管控措施主要包括："两票""三措一案"。

"两票"，即操作票、工作票。

"三措一案"，则为施工的组织措施、技术措施、安全措施及作业方案。

两票

工作票　　　　　操作票

三措一案

施工组织措施　　施工技术措施　　安全措施　　作业方案

2. 管控措施编制要求

1. 编制"三措"

三级及以上风险作业应编制"三措"（施工组织设计）；涉及多专业、多单位的作业项目，应由项目主管部门、单位组织相关人员编制。

2. 危险点分析

针对作业项目存在的危险点（风险因素），逐项制定控制措施。

3. 填写工作票

所有作业项目均应按照安规要求填写工作票（施工作业票），明确工作范围、安全措施等内容。

3. 管控措施审批要求

不同风险级别作业风险管控措施的审核要求如下：

🔍 **四、五级风险作业**

风险管控措施应由二级机构组织审核；

工程施工作业由施工项目部审核。

🔍 **三级风险作业**

风险管控措施应由地市级单位专业管理部门组织审核；

工程施工作业由业主项目部审核。

🔍 **二级风险作业**

风险管控措施应由地市级单位分管领导组织审核；

工程施工作业由建设管理单位专业管理部门组织审核；

省公司级单位专业管理部门对本专业二级风险作业进行备案和审查。

重点要求：

① 逐级履行审批手续。

② 危险点及安全措施全面到位。

③ 方案应根据现场变化及时更新。

④ 采取劳务外包或劳务分包的项目，所需施工作业安全方案、工作票（作业票）、机具设备及工器具等应由发包方负责，并纳入本单位班组统一进行作业的组织、指挥、监护和管理。

（三）风险管控督查例会

各级单位作业风险管控督查例会要求

总部
- 主持人：安全总监
- 会议内容：抽查各省公司级单位风险管控工作开展情况，对国调中心管辖范围内的主网停电计划、重点工程涉及的二级作业风险管控情况进行督查。

省公司级单位
- 主持人：副总师及以上负责同志
- 会议内容：对本单位作业风险管控情况，各专业二级及以上作业风险评估定级、管控措施制定等进行督查。

地市级单位
- 主持人：副总师及以上负责同志
- 会议内容：对本单位作业风险管控情况，各专业三级及以上作业风险评估定级、管控措施制定等进行督查。

四、风险公示告知

风险公示告知主要包括风险公示和风险告知两方面的内容。

（一）风险公示

地市（县）公司级单位、二级机构按照"谁管理谁公示"原则，以审定的作业计划、风险等级、管控措施为依据，每周日前对本层级（不含下层级）管理的下周所有作业风险进行全面公示。

1. 风险公示要求

- 三级单位、四级单位：作业风险内容由安监部门汇总后在本单位网页公告栏内进行公示。
- 各工区、项目部等二级机构：应在醒目位置张贴作业风险内容。

2. 风险公示内容

风险公示内容包括：					
作业内容	作业时间	作业地点	专业类型	风险等级	风险因素
作业单位	工作负责人姓名及联系方式			到岗到位人员信息	

（二）风险告知

各单位、专业、班组应充分利用工作例会、班前会等逐级组织交代工作任务、作业风险和管控措施，并通过移动作业 APP 从上至下将"四清楚"任务传达到岗、到人。

小贴士

"四清楚"包括：

作业任务清楚、作业流程清楚、危险点清楚、安全措施清楚。

第四节 计划管理评价

2021 年国网安委办印发的《"四个管住"工作评价实施方案》中明确了对"管住计划"的重点内容的"六大评价管理指标"，主要包括计划管理、风险识别、评价定级、管控措施制定、作业风险管控督查例会以及风险公示告知六个重点内容。

一、计划管理

计划管理的评价项目有三个，即：计划及时性、计划全面性以及计划规范性。其中，计划及时性的标准分为 10 分，计划全面性和计划规范性的标准分均为 15 分。具体的评价标准为：

计划及时性 评价标准

1. 未按要求实施周作业计划管理，此项不得分；周作业计划未分解到日管控，此项不得分；临时性抢修未纳入日管控，此项不得分。
2. 作业计划上报不及时，未按要求时限报送周作业计划，按照作业计划上报及时率指标进行评价，利用平台每周五中午 12 点统计，及时率 100% 不扣分，100%＞及时率≥95%。扣 2 分；95%＞及时率≥90%，扣 5 分；及时率＜90%，此项不得分。

> 各单位的作业任务应统筹考虑月度停电计划、管理和作业承载能力等情况，按"周"进行平衡安排，细化分解到日，形成周作业计划。

计划全面性 评价标准

1. 作业计划未覆盖所有专业类型，每缺少 1 类扣 5 分；
2. 如发现无计划作业情况，此项不得分。

> 生产作业、营销作业、输变电工程、配（农）网建设、迁改工程施工、信息通信作业以及送变电公司和省管产业单位承揽的外部建设项目施工均应纳入作业计划管控，严禁无计划作业。

计划规范性 评价标准

1. 作业计划未按要求履行计划编审、发布的，每发现 1 项扣 2 分；
2. 作业计划不规范，未按要求包含全部作业信息，每缺少 1 项扣 1 分，其中作业内容、作业地点、风险级别等关键字段缺失 1 处扣 3 分；
3. 作业计划存在作业内容、作业地点、风险级别等关键字段内容与现场作业不符，每发现 1 项扣 5 分。

> 各单位应结合平台应用，明确各专业计划管理人员，健全计划编制、审批和发布工作机制，严格计划编审、发布与执行的全过程监督管控。作业计划应包括作业内容、作业时间、作业地点、作业人数、专业类型、风险等级、风险要素、作业单位、工作负责人及联系方式等关键字段内容。

二、风险识别

风险识别的评价项目有一个，即现场勘察，其标准分为 10 分。具体的评价标准为：

现场勘察　评价标准

1. 对需要现场勘察的作业项目，未按要求规范组织开展现场勘察，每发现 1 项扣 2 分；
2. 对需要现场勘察的作业项目，平台内未见现场勘察记录或勘察关键内容（停电范围、带电部位等）不全，每发现 1 项扣 1 分；
3. 现场勘察记录关键内容（停电范围、带电部位、危险点等）与现场实际不符，每发现 1 项扣 2 分。

作业任务确定后，各单位应根据作业类型、作业内容规范组织开展现场勘察、危险因素识别等工作。

现场勘察应包括：工作地点需停电的范围，保留的带电部位等内容。现场勘察应填写现场勘察记录，并作为作业风险评估定级、编制"三措"和填写、签发工作票（纸质或数字票）的依据。

三、评估定级

评估定级的评价项目有一个，即风险定级，其标准分为 10 分。具体的评价标准为：

评估定级　评价标准

1. 作业风险定级覆盖不全面，每发现 1 项扣 5 分；
2. 作业风险定级不准确，每发现 1 项扣 2 分。

生产作业、配（农）网工程施工作业、营销作业参照《典型生产作业风险定级库》进行风险定级；输变电工程参照《国家电网公司输变电工程施工安全风险管理规范》执行；迁改工程施工作业参照上述对应专业风险定级要求执行。

四、管控措施制定

管控措施制定的评价项目有一个，即措施编制与审批，其标准分为 10 分。具体的评价标准为：

措施编制与审批　评价标准

1. 现场勘察和风险评估定级内容，未在工作票、三措或施工作业方案中予以体现明确，存在"两张皮"问题的每发现 1 项扣 2 分；
2. 工作票、三措中风险管控措施与实际不符、安全措施缺失的，每发现 1 项扣 2 分；
3. 工作票、三措等作业手续未按要求履行审批的，每发现 1 项扣 2 分。

作业风险评估定级完成后，作业单位应根据现场勘察结果和风险评估定级的内容制定管控措施，编制审批"两票""三措一案"。作业风险管控措施由作业班组、相关专业管理部门和单位分级策划制定，并经逐级审批后执行。

五、作业风险管控督查例会

作业风险管控督查例会的评价项目有一个，即作业风险管控督查例会，其标准分为 10 分。具体的评价标准为：

作业风险管控督查例会　评价标准

1. 未按周组织作业风险管控工作督查会议，每缺少 1 次扣 5 分；
2. 督查例会未按要求由副总师及以上负责同志主持，每发现 1 次扣 2 分；
3. 对上级周督查例会布置工作不落实的，每发现 1 次扣 5 分。

省公司、地市公司级单位按周组织作业风险管控工作督查会议，对所属单位作业风险管控工作情况进行督查。

六、风险公示告知

风险公式告知的评价项目有两个，即：风险公示和风险告知，两项的标准分均为 10 分。具体的评价标准为：

現場安全生産"四個管住"一本通

風険公示　評価標準

1. 毎周日前，地市（県）公司級単位、二級機構未及時対本層級（不含下層級）管理的下周所有作業風険進行全面公示的，毎発現1次扣2分；
2. 地市（県）公司級単位作業風険内容未在本単位網頁公告欄内進行公示，毎発現1次扣2分；
3. 各工区、項目部等二級機構未在醒目位置張貼作業風険内容，毎発現1次扣2分；
4. 風険公示内容不全，未按要求包含全部風険信息，毎缺少1項扣2分。

地市（県）公司級単位、二級機構按照"誰管理、誰公示"原則，以審定的作業計劃、風険等級、管控措施為依拠，毎周日前対本層級（不含下層級）管理的下周所有作業風険進行全面公示。

地市（県）公司級単位作業風険内容由安監部門汇総後在本単位網頁公告欄内進行公示。

各工区、項目部等二級機構均応在醒目位置張貼作業風険内容。

風険公示内容応包括：作業内容、作業時間、作業地点、専業類型、風険等級、風険因素、作業単位、工作負責人姓名及聯系方式、到崗到位人員信息等。

風険告知　評価標準

1. 未利用工作例会、班前会等，逐級組織交代工作任務、作業風険和管控措施，毎発現1次扣2分；
2. 未通過移動作業APP従上至下将"四清楚"任務伝達到崗、到人，毎発現1次扣2分。

各単位、専業、班組応充分利用工作例会、班前会等，逐級組織交代工作任務、作業風険和管控措施。

各単位、専業、班組応通過移動作業APP従上至下将"四清楚"任務伝達到崗、到人。

第五节 经典案例分析

案例一

（一）案例经过

2015 年 5 月 3 日，某公司分包施工队未经施工项目部允许，擅自更改施工计划，转运抱杆进入计划外的 2833# 塔现场，进行抱杆组立。组立抱杆时，未按照施工方案要求执行先整体组立抱杆上段，然后利用组装好的下段塔材提升抱杆的施工方法，而错误采取了整体组立抱杆下段，再利用抱杆顶部的小抱杆（角钢）接长主抱杆的施工方法，且没有落实施工方法的安全技术措施，抱杆临时拉线也未使用已埋设完成的地锚，违反施工方案中严禁在水田里设置钻桩的安全措施要求，违规设置钻桩。5 月 3 日上午，拉起在地面组装完成的 23.6m 抱杆后，继续组立剩下的 4 节抱杆，16 时左右，在吊装第 3 节抱杆时，B 腿（上述水田中的实际钻桩点）钻桩被拔出，抱杆向 D 腿方向倾倒，在抱杆上作业的 3 名施工人员随之摔落，并被抱杆砸中，经抢救无效死亡事故。

（二）案例分析

1	施工人员工作随意性强，未经允许，擅自更改计划，未严格按照施工方案开展施工作业。
2	现场安全措施未落实，仍进行施工作业。
3	现场安全管理人员未履职履责。

（三）经验总结

1. 分包全过程管理

项目部要随时掌握施工队长、工地负责人等关键人员的信息，特别是在施工间断、转移等过程中控制好各分包队伍的工作状态。

2. 施工方案专项行动要求

严格技术方案编审批和变更程序，严肃施工技术方案的执行，严厉查处不执行技术方案强制性安全措施的行为。

3. 施工计划的刚性执行

规范开展安全风险分析和使用施工作业票，落实施工现场"同进同出"管理要求控。

4. 开展施工安全隐患排查

重点排查高空作业、近电作业、带电跨越、吊装作业、脚手架搭设等高风险作业中防触电、防跑断线、防倒杆、防倒塌等安全技术措施的执行。

5. 事故教训

将事故快报转发基层一线，组织学习，吸取事故教训，举一反三。

案例二

（一）案例经过

4月16日，某公司组织作业人员开展10kV观土线绝缘化改造及消缺作业，发生事故的工作小组共3名作业人员，分别为肖某某（小组负责人）、李某某（小组成员，死者）、杨某某（小组成员）。按照工作票工作计划，该小组负责 10kV 观土线 1#、30#、50#、56#、63#、观盛支线 7#杆、下祠支线 11#杆七处更换设备线夹作业。10 时 50 分，该小组完成观盛支线 7#杆作业后，乘坐由肖某某驾驶的车辆前往观土线 30#杆，途中至 10kV 观光线 17#杆（运行线路），安排李某某更换线夹（非本次作业内容，为今年 3 月份开展的另一项由肖某某担任小组负责人的改造消缺项目遗留工作）。李某某登杆未验电，触电死亡。

（二）案例分析

从初步调查情况看，这是一起严重违反作业组织管理要求和安全规程的责任事故，暴露出有关单位安全管理存在严重问题。具体分析如下：

1. 落实公司要求不力

未真正做到"两个至上"入脑入心、"三个必须"到岗到人，未真正落实公司 4 月 6 日安全生产电视电话会议精神，未真正吸取"4·9"事故教训，布置安全工作不细、不严、不实，管理穿透力不强，存在"沙滩流水不到头"的问题。

2. 超计划范围作业

作业小组负责人擅自改变作业内容，组织作业人员开展工作票之外的工作，未履行计划变更手续，加之对线路带电状态的判断存在致命错误，违章指挥，导致酿成事故。

3. 不执行安全措施

违反"十不干"要求，小组负责人和作业人员在未核实停电范围、未布置安全措施的情况下登杆作业，作业前不验电、不挂接地线，严重违反公司《电力安全工作规程（配电部分）》第 3.6.4 条等规定。

4. 人员安全意识缺失

有关单位开展职工安全警示教育和安全培训不力，导致职工缺乏安全意识、不遵守安全规程、冒险开展作业，习惯性违章严重。

5. 依法合规意识不强

涉事供电公司及供电中心违反公司《安全事故调查规程》安全信息报送工作要求，未在规定时间内将事故信息报送至上级单位，存在迟报、瞒报问题。

（三）经验总结

1. 压紧压实安全责任

各级领导班子要坚持从政治角度看安全、从政治角度抓安全，对照"两个至上"、对照党中央国务院重要部署、对照"两个清单"和38条措施，结合"三个一"活动逐级检查安全责任是否落实到位。

2. 严格落实各项安全措施

要严格配电作业计划管理，严禁无计划作业、严禁超范围作业，严防抢修作业失控失管。要不折不扣执行安全规程，严格落实停电、验电、挂地线措施，切实做好安全技术交底，确保所有作业班成员清楚停电范围和安全措施，要应用移动作业APP做好交底和措施执行情况的记录。

3. 加强配电专业安全管理

各级安委会要结合公司安全隐患大排查大整治行动，针对配电运维检修、故障抢修、业扩工程、改造工程等作业组织和现场安全管理，立即组织开展一次全面安全评估和隐患排查，开展一次配电作业安全管理大讨论，问题不解决、隐患不排除不得开展作业；要立即对参与配电运维、检修、施工的管理人员和班组人员重新开展一次配电安规培训考试，考试不合格不得上岗。

4. 加大反违章工作力度

要加大配电作业违章查纠力度，配齐配强各级安管督查队伍，采取线上、线下督查相结合方式，实现 10 千伏配电作业全覆盖，严格立查立改和停工整改，严肃督查纪律，严肃严重违章考核。对具有《关于加强安全生产领域监督工作的通知》（驻国网纪监发〔2022〕9 号）有关规定情形的，将线索移交纪检部门。

5. 严格事故信息报送

相关单位发生事故后，五个小时内要将事故信息报送至总部，坚决杜绝迟报、瞒报。对存在迟报、瞒报的单位和个人，公司将按照《安全工作奖惩规定》一律提级处理，对相关单位业绩考核加大扣分力度，并严肃追究相关人员的责任。

本章小结

本章主要讲解了计划管理的原则、过程、要求以及评价标准。其中计划管理原则包括计划管理规范化、风险识别精准化、评估定级标准化、措施制定专业化、督查例会常态化以及风险公示透明化六大原则；计划管理过程则对计划编制、协调、审核、发布以及执行进行讲解；而计划管理要求则对计划管理、作业准备、风险预控，以及风险公示告知四大方面的具体要求；并对计划管理评价细则进行剖析解读。

任务测试

1. 请简述风险告知中"四清楚"的具体内容。

小提示

　　"四清楚"：作业任务清楚、作业流程清楚、危险点清楚、安全措施清楚。

　　2. 请简述计划管理的六大原则。

小提示

　　计划管理需要遵循六大原则，包括：计划管理规范化、风险识别精细化、评估定级标准化、措施制定专业化、督查例会常态化、风险公示透明化。

第四章　管住队伍

本章聚焦

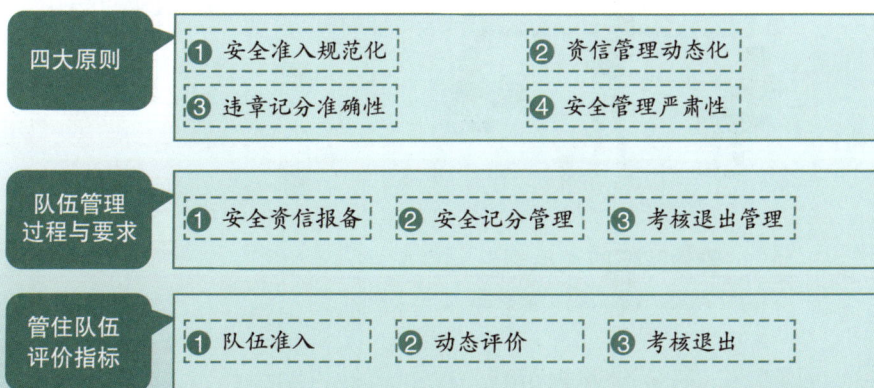

- 了解队伍管理的原则、过程、要求以及评价指标
- 掌握队伍管理的具体要求

知识脉络

四大原则
1. 安全准入规范化
2. 资信管理动态化
3. 违章记分准确性
4. 安全管理严肃性

队伍管理过程与要求
1. 安全资信报备
2. 安全记分管理
3. 考核退出管理

管住队伍评价指标
1. 队伍准入
2. 动态评价
3. 考核退出

知识讲解

第一节　队伍管理原则

在生产作业现场，"队伍"就是进入公司生产经营区域内作业的社会施工、监理和租赁单位。

如果说企业是安全生产系统的机体，那施工队伍就是这一机体的细胞。然而，伴随着企业的不断发展，企业的建设工程项目逐步增多，合作的外委专业施工队伍也与日俱增，"对建设单位生产情况缺乏了解、施工人员安全素质参差不齐"等一系列问题随之而来，使原本统一、有序的安全管理变得错综复杂，大大增加了事故风险发生的概率。

因此，队伍管理需要遵循四大原则，包括：

1　安全准入规范化

2　资信管理动态化

3　违章记分准确性

4　安全管理严肃性

管住队伍四大原则

原则一：安全准入规范化

依托安全风险管控监督平台，建立健全作业队伍安全资信数据库，在进场前对外部施工队伍严格实施安全资信审核、准入、报备管理，对外包分包队伍实际情况开展常态化考察，全面把好队伍安全准入关。

原则二：资信管理动态化

定期发布队伍安全准入情况、及时通报业务承揽企业资信报备和动态评价情况，对承包单位安全资信报备实行动态管理。

原则三：违章记分准确性

为督促各单位认真吸取违章教训，落实责任，举一反三，真抓实改，考核年度内相关单位重复发生同项严重违章，按照公司《企业负责人业绩考核管理办法》和年度业绩考核指标体系实施业绩考核，考核扣分按月执行，每月在《安全监督月报》中公布，年底汇总考核。

原则四：安全管理严肃性

建立健全"约谈""说清楚"等过程管控制度，依据违章积分、安全记录等评价结果，对作业队伍安全管控情况进行动态纠偏。严格落实停工、停招标等失信惩治措施，对发生安全事故、安全管理混乱的外包队伍及其项目负责人全面实施"负面清单"和"黑名单"管控，切实惩在痛处，坚决剔除安全管理不合格、不满足要求的施工单位，倒逼作业单位从源头侧强化安全管理。

第二节　队伍管理过程

管住队伍就是充分运用法治化和市场化手段，通过建立公平、公正、公开的机制，对施工队伍实行作业全过程安全资信评价，全面实施"负面清单""黑名单"管控，对安全记录不良的队伍采取停工、停标等处理措施，为"管住现场"提供基础保障。

一、安全资信报备

为确保准入队伍资格的有效性，我们需要对队伍的安全资信信息的正确性、完整性和规范性进行审核。具体的安全资信报备审核流程如图所示：

第一步： 安全资信信息录入	第二步： 安全资信信息审核	第三步： 安全资信信息发布
地市或县级单位专业管理部门在接到业务承揽企业报备申请后，应组织申请单位将安全资信信息录入平台	（1）地市级单位专业管理部门负责组织审核本专业范围内提报的安全资信信息，保证数据正确性、完整性。 （2）地市级单位安监部门统一进行复核，保证数据规范性	安全资信信息经专业管理部门和安监部门审核通过后，由地市级单位专业分管领导审批后统一发布

二、安全记分管理

开工后安管中心需检查工作票所列人员是否及时记分以及是否按照安全事件级别、违章严重程度和违章记（减）分标准在风控平台准确记分。

违章记分的对象包括但不限于各主业单位、产业单位、施工承包单位、劳务分（外）包队伍、外来厂家等在公司系统内从事现场作业的所有单位和个人。其中，管理违章的主要责任者为对负有责任的管理人员，行为违章的主要责任者为对负有责任的现场作业人员，装置违章的主要责任者为主要对装置的维护者、管理者。

三、考核退出管理

依据国家有关规定与要求，公司对发生安全事故（件）、存在违法违规行为、安全管理混乱的承包单位及其项目负责人将实行"黑名单"和"负面清单"管理。

1. 黑名单制度

"黑名单"管理是对安全事故（件）负有主要责任的承包单位及其项目负责人在公司一定范围和时段内禁入。

"黑名单"主要分为三级，一般由发包单位安质部门收到（或形成）事故（件）调查报告后三日内，依据报告结论起草"黑名单"，逐级上报至Ⅰ、Ⅱ、Ⅲ级"黑名单"对应的审定单位安质部门，安质部门会同业务部门、物资部门审核确认后正式公布，并录入公司外包安全资信系统进行发布。禁入期后，承包单位可提供情况说明，发包单位视情况判断是否将其移出黑名单。

发布黑名单	禁入期间 严禁采购 黑名单承包单位	禁入期后 提供情况说明	视情况 移出黑名单
安质部门	发包单位	承包单位	发包单位

2. 负面清单制度

"负面清单"管理是对责任相关的业务承揽企业及其作业人员,按照承包合同和安全协议约定,采取约谈警告、罚款、停工整顿、限制采购等相应处理。

"负面清单"主要分两级,在日常工作中,我们可通过"纳入清单—落实措施—统一管理—审定发布"四步进行负面清单的落实管控。

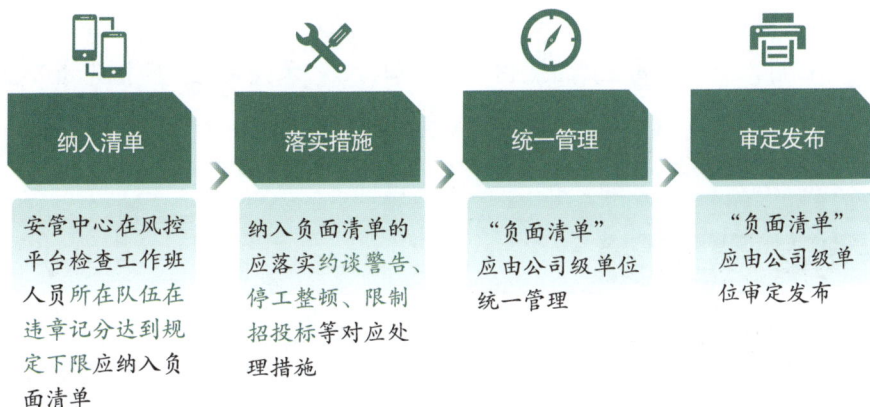

纳入清单	落实措施	统一管理	审定发布
安管中心在风控平台检查工作班人员所在队伍在违章记分达到规定下限应纳入负面清单	纳入负面清单的应落实约谈警告、停工整顿、限制招投标等对应处理措施	"负面清单"应由公司级单位统一管理	"负面清单"应由公司级单位审定发布

第三节　队伍管理要求

队伍管理需要对施工队伍实行作业全过程安全资信评价,全面实施"负面清单""黑名单"管控,为把真正懂管理、有技术、有能力的队伍留在作业现场，必须严格遵守队伍管理各环节的相关要求。

一、安全资信报备

1. 安全资信条件

进入公司所属生产经营区域作业的业务承揽企业，应具备以下条件：

1	具备有效的营业执照和法人代表资格证书，具备有效的专业资质证书
2	具备准入合格的工作票签发人、工作负责人
3	未在"黑名单"或"负面清单"禁入时限内
4	满足各省公司级单位其他安全管理要求。满足各省公司级单位

2. 安全资信审核内容

在进入公司所属生产经营区域作业前，业务承揽企业应向相关地市级单位报备安全资信及其法定代表人、项目负责人（项目经理）的安全资信。具体内容如图所示。

企业安全资信内容

营业执照

企业资质

安全生产许可证

法定代表人、项目负责人安全资信内容

身份证

社保缴纳证明

资格证明

联系方式

其中，在安全资信信息审核过程中，工作负责人和安管中心分别需在作业前/后在风控平台检查工作班人员所在队伍是否上传营业执照和法人代表资格证书等资料，证书有无失效。下表罗列了在资质审查过程中，常用资质证书的审核渠道，以供大家资质审核使用。

安全资质审查看板如图所示：

企业资质			
序号	资质名称	发证机关	官方认证网站
1	企业营业执照	工商行政管理机关	http://cx.cnca.cn
2	安全生产许可证	安全生产监督管理部门	https://www.mem.gov.cn/
3	建筑业企业资质证书	中华人民共和国建设部	www.mohurd.gov.cn
4	承装修试电力资质证书	电力管理部门	www.nea.gov.cn

特种作业操作证				
序号	作业类别	作业项目	发证机关	官方认证网站
1	电工作业	低压电工作业	中华人民共和国应急管理部	http://cx.mem.gov.cn/
2		高压电工作业		
3		电力电缆作业		
4		继电保护作业		
5		电气试验作业		
6		防爆电气作业		
7	焊接与热切割作业	熔化焊接与热切割作业		
8		压力焊作业		
9		钎焊作业		
10	高处作业	登高架设作业		
11		高处安装、维护、拆除作业		
12	制冷与空调作业	制冷与空调设备运行操作作业		
13		制冷与空调设备安装修理作业		
14	煤矿安全作业	煤矿井下电气作业		
15		煤矿井下爆破作业		
16		煤矿安全监测监控作业		

续表

序号	作业类别	作业项目	发证机关	官方认证网站
17	煤矿安全作业	煤矿瓦斯检查作业		
18		煤矿安全检查作业		
19		煤矿提升机操作作业		
20		煤矿采煤机（掘进机）操作作业		
21		煤矿瓦斯抽采作业		
22		煤矿防突作业		
23		煤矿探放水作业		
24	金属非金属矿山安全作业	金属非金属矿井通风作业		
25		尾矿作业		
26		金属非金属矿山安全检查作业		
27		金属非金属矿山提升机操作作业		
28		金属非金属矿山支柱作业		
29		金属非金属矿山井下电气作业		
30		金属非金属矿山排水作业		
31		金属非金属矿山爆破作业		
32	石油天然气安全作业	司钻作业		
33	冶金（有色）生产安全作业	煤气作业		
34	危险化学品操作	光气及光气化工艺作业		
35		氯碱电解工艺作业		
36		氯化工艺作业		
37		硝化工艺作业		
38		合成氨工艺作业		
39		裂解（裂化）工艺作业		
40		氟化工艺作业		
41		加氢工艺作业		
42		重氮化工艺作业		

续表

序号	作业类别	作业项目	发证机关	官方认证网站
43	危险化学品操作	氧化工艺作业		
44		过氧化工艺作业		
45		胺基化工艺作业		
46		磺化工艺作业		
47		聚合工艺作业		
48		烷基化工艺作业		
49		化工自动化控制仪表作业		
50	烟花爆竹安全作业	烟火药制造作业		
51		黑火药制造作业		
52		引火线制造作业		
53		烟花爆竹产品涉药作业		
54		烟花爆竹储存作业		
55	安全监管总局认定的其他作业	—		

特种作业操作资格证书			
序号	工种	发证机关	官方认证网站
1	建筑电工	住建管理部（住建厅）	http://gdscm.org.cn/
2	建筑架子工（普通脚手架）		
3	建筑架子工（附着升降脚手架）		
4	建筑起重司索信号工		
5	建筑起重机械司机（塔式起重机）		
6	建筑起重机械司机（施工升降机）		
7	建筑起重机械司机（物料提升机）		
8	建筑起重机械安装拆卸工（塔式起重机）		
9	建筑起重机械安装拆卸工（施工升降机）		
10	建筑起重机械安装拆卸工（物料提升机）		
11	高处作业吊篮安装拆卸工		

二、安全记分管理

为认真贯彻"安全第一、预防为主、综合治理"的方针，使一线作业人员深刻认识"违章就是事故之源、违章就是伤亡之源"的理念，国家电网公司以违章记分管理为抓手，建立了安全风险共同预防机制。

违章是指在电力生产活动过程中，违反国家和电力行业安全生产法律法规、规程标准，违反公司安全生产规章制度、反事故措施、安全管理要求等，可能对人身、电网和设备构成危害并容易诱发事故的管理的不安全作为、人的不安全行为、物的不安全状态和环境的不安全因素。

按照违章性质、情节及可能造成的后果，可分为严重违章和一般违章两级进行管控。当发生违章时，我们需按照违章记分标准，对直接责任者或单位进行记分。

1. 一般违章管理

一般违章是指对人身、电网、设备不直接造成危害，且达不到严重违章标准的违章现象。

发现一般违章，违章查处单位要及时下发违章通知单，责成违章单位整改。违章查处单位在周（月）安全例会上对违章问题进行曝光，并在本单位范围内发文通报。

2. 严重违章管理

严重违章是指可能直接造成人身、电网、设备事故，或虽不直接对人身、电网、设备造成危害，但性质恶劣的违章现象。

符合《国家电网公司严重违章释义》附件8"严重违章释义清单"的，认定为严重违章。按照严重程度由高至低分别为：

I类严重违章	主要包括违反新《安全生产法》《刑法》、"十不干"等要求的管理和行为违章
II类严重违章	主要包括公司系统近年安全事故（事件）暴露出的管理和行为违章
III类严重违章	主要包括安全风险高、易造成安全事故（事件）的管理和行为违章

发现违章后，违章查处人员要第一时间将违章信息录入安全风险管控监督平台，违章查处单位要及时审核认定并发布违章整改通知单，责成违章单位整改。严格执行公司《安全生产反违章工作管理办法》统一规定的记分标准，严禁更改记分分值。

如发现严重违章，应按规定追责：

1. 对严重违章责任人和负有管理责任的人员，对照公司《安全工作奖惩规定》关于安全事件的惩处措施进行惩处。其中，Ⅰ至Ⅲ类严重违章分别按五至七级安全事件处罚。

2. 对发生严重违章的省公司级单位实施企业负责人业绩考核，具体考核分值由总部人资部门统一印发。其中，施工单位发生严重违章，对其上级省公司按照主要责任考核，对参建的监理单位的上级省公司、建管（检修）单位的上级省公司均按次要责任考核。

3. 对多次发生严重违章的单位，要按照公司《安全警示约谈工作规定》，由上级违章查处单位进行约谈。

4. 总部安全督查中心、安全督查队查出的严重违章，违章责任单位的上级省公司级单位要在7日内将惩处措施报国网安监部，15日内以主要负责人签批的正式文件向国网安监部报《严重违章整改报告》。

三、考核退出管理

对队伍的考核退出管理主要是通过实行"黑名单"和"负面清单"进行管理，公司明确规定了黑名单和负面清单的纳入条件，并制定了对应的处理措施。

1. 黑名单制度

"黑名单"主要分为三级，其纳入条件以及处理措施具体内容如下：

（1）黑名单纳入条件

《国家电网公司业务外包安全监督管理办法》对纳入黑名单管理的事故情形做出了划分。其中，当承包单位出现以下三种情形之一的，该承包单位及相应项目负责人将被纳入Ⅰ级"黑名单"：

① 发生以下负有主要责任的相关安全事故
• 发生负有主要责任的三级以上人身事故；
• 发生负有主要责任的五级以上电网事件；
• 发生负有主要责任的四级以上设备事故；
• 发生负有主要责任的五级信息系统事件；
• 发生负有主要责任的直接经济损失 500 万元以上火灾事故。
② 发生对国家电网公司有严重负面影响的安全事故（件）
③ 国家电网公司认定有必要纳入"黑名单"管理的

当承包单位出现以下三种情形之一的，该承包单位及相应项目负责人将被纳入Ⅱ级"黑名单"：

① 发生以下负有主要责任的相关安全事故
• 发生负有主要责任的四级人身事故；
• 发生负有主要责任的六级电网事件；
• 发生负有主要责任的五级、六级设备事件；
• 发生负有主要责任的六级、七级信息系统事件；
• 发生负有主要责任的直接经济损失 50 万元以上 500 万元以下火灾事故。
② 发生对国家电网公司有较大负面影响的安全事故（件）
③ 省公司级单位认定有必要纳入"黑名单"管理的

当承包单位出现以下三种情形之一的，将该承包单位及相应项目负责人纳入Ⅲ级"黑名单"：

① 发生以下负有主要责任的相关安全事故
• 发生负有主要责任的五级、六级人身事故；

- 发生负有主要责任的七级电网事件；
- 发生负有主要责任的七级设备事件；
- 发生负有主要责任的八级信息系统事件；
- 发生负有主要责任的直接经济损失 10 万元以上 50 万元以下火灾事故。

② 发生对国家电网公司有一定负面影响的安全事故（件）
③ 地市公司级单位认定有必要纳入"黑名单"管理的

（2）黑名单处理措施

根据国家电网公司要求，被纳入"黑名单"的承包单位及其项目负责人在禁入期内，是禁止被采购的。具体的禁入时间期限，根据黑名单的级别不同，时间长短有所区别，具体如下：

Ⅰ级黑名单	承包单位：3 个月至一年禁入国家电网公司系统承揽外包项目。 项目负责人：在国家电网公司系统两年内不得担任外包项目负责人或安全生产管理人员
Ⅱ级黑名单	承包单位：3 个月至一年内禁入相应省公司级单位范围内承揽工程项目。 项目负责人：在相应省公司级单位范围三年内不能担任项目负责人（项目经理）或安全生产管理人员
Ⅲ级黑名单	承包单位：3 个月至一年内禁入该地市公司级单位范围内承揽工程项目。 项目负责人：在相应地市公司级单位范围一年内不能担任项目负责人（项目经理）或安全生产管理人员

小贴士

黑名单审定发布规定：

- ☐ Ⅰ级由公司总部审定发布
- ☐ Ⅱ级由省并公司级单位审定发布
- ☐ Ⅲ级由地市公司级单位审定发布

2. 负面清单制度

"负面清单"包含两类，其纳入条件以及处理措施具体内容如下：

（1）负面清单纳入条件

《国家电网公司业务外包安全监督管理办法》对纳入负面清单管理的事故情形做出了划分。从宏观上说，负面清单的触发条件主要包括七个方面：

▎ **纳入负面清单的七种情形**

1. 发生负有主要责任的安全事件，未达到列入"黑名单"条件的

2. 严重违章

3. 造成责任性重大隐患

4. 不按计划治理隐患

5. 安全资信变化但不履行变更手续

6. 发包单位认定其他有必要列入"负面清单"的情况

7. 公司有关规定要求的情形

其中，针对Ⅰ类负面清单，其触发条件主要包括以下四个方面：

① 发生以下负有主要责任的相关安全事故

- 发生负有主要责任的七级、八级人身事件；
- 发生负有主要责任的八级电网事件；
- 发生负有主要责任的八级设备事件；
- 发生负有主要责任的火灾事故。

② 个人或企业单位违章记分达到以下分数

- 个人违章记分累计达到 18 分；
- 企业违章记分累计达到 36 分或触犯一次"红线禁令"。

③ 安全资信变化但不履行变更手续
④ 发包单位认定有必要纳入Ⅰ级"负面清单"管理的

针对Ⅱ类负面清单，其触发条件主要包括以下五个方面：

① 发生安全事件未遂的
② 个人或企业单位违章记分达到以下分数

- 个人违章记分累计达到12分；
- 企业违章记分累计达到24分。

③ 不按计划开展隐患排查治理
④ 发生火警
⑤ 发包单位认定由必要纳入Ⅱ级"负面清单"管理的

（2）负面清单处理措施

针对纳入负面清单的业务承揽企业及其项目负责人、相应作业人员，我们应落实约谈警告、停工整顿、限制招投标等对应处理措施。

其中，针对列入Ⅰ级"负面清单"的业务承揽企业，需采取整顿学习、约谈、处罚、验收和取消备案的处理措施，具体要求如下：

整顿学习	由地市公司级单位组织停工整顿学习
约谈	对企业法人代表进行约谈
处罚	按照合同和安全协议约定进行经济处罚
验收	经公司安全监督部门、项目管理部门组织验收合格后，方可允许复工
取消备案	相关人员在公司范围内取消安全资信备案6个月，不能进入各类工程项目施工作业现场

针对列入Ⅱ级"负面清单"的业务承揽企业，需采取整顿学习、约谈、处罚、验收和培训的处理措施，具体要求如下：

整顿学习	由发包单位组织停工整顿学习
约谈	对企业法人代表进行约谈
处罚	按照合同和安全协议约定进行经济处罚
验收	经地市公司级安全监督部门、项目管理部门组织验收合格后，方可允许复工
培训	相关人员离岗培训一周，经考试合格后方能上岗

小贴士

负面清单审定发布规定：

☐ Ⅰ级负面清单应由公司审定发布

☐ Ⅱ级负面清单应由地市公司级单位审定发布

☐ 相关信息在公司范围内进行通报

第四节 队伍管理评价

2021 年国网安委办印发的《"四个管住"工作评价实施方案》中明确了对"管住队伍"的重点内容的"三大评价管理指标"，主要包括队伍准入、动态评价和考核退出三个重点内容。

一、队伍准入

队伍准入的评价项目有三个，即：队伍安全资信档案库、资信条件与资信审核。其中，队伍安全资信档案库的标准分为 20 分，资信条件和资信审核的标准分均为 10 分。具体的评价标准为：

队伍安全资信档案库 评价标准

1. 未在平台内建立企业安全资信档案库，此项不得分；

   → 各单位应建立企业安全资信档案库。

2. 队伍准入管理覆盖不全面，未对进入公司生产经营区域从事生产、建设、营销等现场作业的全部内外部施工单位，实施全覆盖管理的，每发现 1 家扣 5 分。

   → 对进入公司生产经营区域从事生产、建设、营销等现场作业的内外部施工单位，包括系统内施工企业（各级送变电公司、产业单位）和社会施工企业，实施全覆盖管理。

资信条件　评价标准

1. 存在已进场作业队伍未上传营业执照和法人代表资格证书等资料，或证书已失效的，每发现1项扣2分；
2. 已进场队伍不具备准入合格的工作票签发人、工作负责人的，每发现1支队伍扣5分；
3. 在"黑名单"或"负面清单"禁入时限内的仍被准入或进场的，每发现1家，扣5分。

→ 具备有效的营业执照和法人代表资格证书；具备有效的专业资质证书。

→ 具备准入合格工作票签发人、工作负责人。

→ 未在"黑名单"或"负面清单"禁入时限内。

资信审核　评价标准

1. 未按要求履行审核的，每发现1家扣2分；
2. 企业安全资信信息未能在同一省公司级单位范围内共享共用，每发现1家扣2分。

→ 地市（县）公司级单位专业部门负责受理本专业承包单位安全资信报备资料，审核验证后组织录入平台；安监部门复核后，经单位负责人审批并统一发布。

→ 业务承揽企业安全资信信息在同一省公司级单位、同一时间范围内必须保持唯一。

二、动态评价

动态评价的评价项目有两个，即：企业案例记分与动态评价，两者标准分均为20分。具体的评价标准为：

企业安全记分　评价标准

1. 未根据安全事件级别、违章严重程度，对业务承揽企业实施安全记分管理，此项不得分；
2. 未及时根据违章情况对企业记分或者记分不准确、不相符的，每发现1项扣2分。发现1家扣5分。

→ 对承包单位的全过程安全记分管理。

→ 将相关记分和不良安全行为记录到平台中。

动态评价 评价标准

1. 未定期通报业务承揽企业资信报备和动态评价情况的，每发现1家扣2分；
2. 平台内存在长期（3～5年）不承揽业务的单位安全资信备案信息未及时清理的，每发现1家扣2分。

→ 各单位应定期发布队伍安全准入情况，及时通报业务承揽企业资信报备和动态评价情况，并传达至全部业务承揽企业。

→ 公司对承包单位安全资信报备实行动态管理，企业信息发生变动，应及时向相关发包单位申请变更，并记录在平台中。各省公司级单位应定期清理平台内长期（3～5年）不承揽业务的单位安全资信备案信息，并履行书面告知手续。

三、考核退出

考核退出的评价项目有一个，即：负面清单，其标准分为 20 分。具体的评价标准为：

负面清单 评价标准

1. 各省公司未明确本单位"负面清单"标准和管理细则，此项不得分；
2. 未对评价周期内安全记分清零、达到规定下限或存在违规行为（按本单位制度要求）的企业，应及时纳入"负面清单"，或未落实约谈警告、停工整顿、限制招投标等对应处理措施的，每发现1家扣10分；
3. "负面清单"未由省公司级单位统一管理并审定发布，视情况扣2～10分。

→ 各省公司单位应对存在违规行为的业务承揽企业实行"负面清单"管理，明确"负面清单"标准和管理细则。

→ 对评价周期内安全记分清零或达到规定下限的企业，应及时纳入"负面清单"，落实约谈警告、停工整顿、限制招投标等处理措施。

→ "负面清单"应由省公司级单位统一管理并审定发布。

第五节　典型案例分析

案例一

（一）案例经过

2018 年 6 月 11 日，某公司所属集体企业某实业集体公司承建的岚皋 110 千伏变电站第二电源工程，建设管理及施工单位未安排与 86 号塔有关的工作，当日 19 时作业，在 86 号塔附件，6 名劳务分包人员中的 4 人自行乘坐用于运送施工材料的单线式简易索道吊篮收工下山，发生坠落事故，造成 4 人死亡事故。

（二）案例分析

01	02	03
劳务分包人员安全意识淡薄，违章乘坐不应载人的简易索道，严重违反安全规程	分包管理不到位，未将劳务分包人员纳入本单位从业人员统一管理，对劳务分包人员的安全教育培训不到位，安全管控不力	作业组织管理不到位，事故项目部对分包队伍当日工作状态不掌握，分包人员在没有安排工作计划任务的情况下，私自作业，现场安全失控

案例二

（一）案例经过

2019 年 6 月 12 日，某公司施工队（劳务分包）在 10kV 城网改造工程施工中，工作班成员携带钢丝牵引绳登上钢管塔进行施放牵引绳作业，作业过程牵引钢丝绳受阻，地面作业人员在拉动牵引绳向北侧移动中触碰旁边 10kV 带电线路，导致塔上作业的两名人员触电 1 死 1 轻伤。

（二）案例分析

01	分包单位管理不到位。施工安全管理不到位，施工单位对劳务分包队伍的管控不严格，对分包队伍的作业情况不了解不掌握，以包代管。
02	作业前危险点分析不到位。分包单位对大型施工作业未制定"三措一案"，未经建管单位审批同意私自进入工作现场冒险作业，暴露出分包单位安全意识薄弱，存在违章作业行为。施工作业现场情况复杂，危险因素较多，未进行危险因素分析、未开展有针对性的防范措施，暴露出作业人员安全意识不强。
03	作业组织管理不到位，事故项目部对分包队伍当日工作状态不掌握，分包人员在没有安排工作计划任务的情况下，私自作业，现场安全失控。

（三）经验总结

01	加强分包单位管理。严格落实业主、施工、监理各方安全责任，加强分包队伍全过程安全管控，劳务分包人员不得担任工作负责人，不得独立承担危险性大、专业性强的施工作业，必须在施工单位有经验的人员带领和监护下进行，杜绝以包代管。
02	加强作业前的危险点分析和预控措施。严格落实现场勘察制度，全面分析同杆塔架设的输电线路、邻近或交叉跨越带电体附近的相关作业危险点，制定有效防护措施，严格"三措"编审批。

03　　加大现场安全管控力度。强化作业计划管控，严格到岗到位安全履责。强化施工安全风险识别、评估及预控，落实风险管控要求。强化现场安全督查，督促落实作业现场安全管控措施，确保安全。

本章小结

　　本章主要讲解了队伍管理的原则、过程、要求以及评价标准。其中队伍管理原则包括安全准入规范化、资信管理动态化、违章记分准确性以及安全管理严肃性四大原则；队伍管理过程则对安全资信报备、安全记分管理和考核退出管理三大方面进行讲解；而队伍管理要求则呼应队伍管理过程的三大方面，细化讲解违章管理、黑名单管理以及负面清单管理的具体要求；并对队伍管理评价细则进行剖析解读。

任务测试

　　1. 管住队伍的"三大评价管理指标"分别是_____、_____、_____。

> **小提示**
> 　　国家电网公司安委办〔2021〕12 号文件，《"四个管住"工作评价实施方案》中明确队伍管理评价指标的三大维度，即"队伍准入""动态评价"和"考核退出"。

　　2. 什么是"黑名单"？什么情况下，承包单位及相应项目负责人将被纳入Ⅱ级黑名单？被纳入Ⅱ级黑名单的承包单位及其项目负责人进入期限是多久？

小提示

　　"黑名单"管理是对安全事故（件）负有主要责任的承包单位及其项目负责人在公司一定范围和时段内禁入。

　　当承包单位出现以下三种情形之一的，该承包单位及相应项目负责人将被纳入Ⅱ级"黑名单"：

　　① 发生以下负有主要责任的相关安全事故：四级人身事故；六级电网事件；五级、六级设备事件；六级、七级信息系统事件；直接经济损失 50 万元以上 500 万元以下火灾事故。

　　② 发生对国家电网公司有较大负面影响的安全事故（件）。

　　③ 省公司级单位认定有必要纳入"黑名单"管理的。

　　列入Ⅱ级"黑名单"的承包单位 3 个月至一年内禁入相应省公司级单位范围内承揽外包项目，其项目负责人在相应省公司级单位范围内 3 年内不能担任外包项目负责人或安全生产管理人员。

第五章　管住人员

本章聚焦

- 了解人员管理的原则、过程、要求以及评价指标
- 掌握人员管理的具体要求

知识脉络

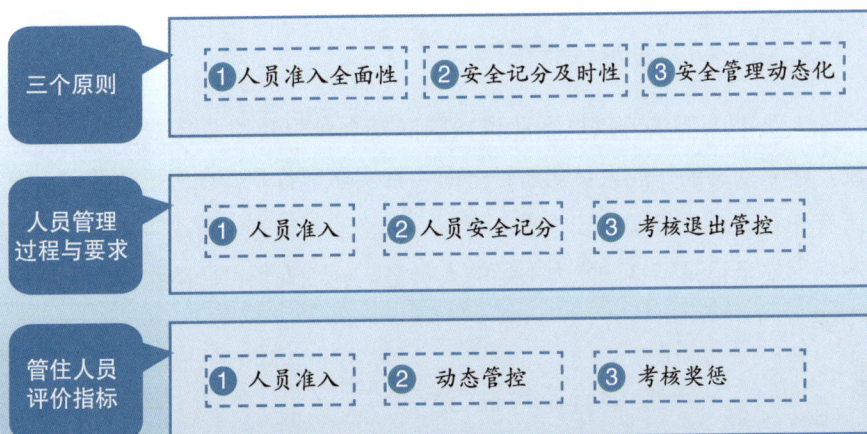

| 三个原则 | ① 人员准入全面性 | ② 安全记分及时性 | ③ 安全管理动态化 |

| 人员管理过程与要求 | ① 人员准入 | ② 人员安全记分 | ③ 考核退出管控 |

| 管住人员评价指标 | ① 人员准入 | ② 动态管控 | ③ 考核奖惩 |

知识讲解

第一节　人员管理原则

人作为现场作业和管控措施执行的主体，是作业风险管控的最关键因素。人员管理需要遵循三大原则，包括：

管住人员三大原则

1. 人员准入全面性

2. 安全记分及时性

3. 安全管理动态化

原则一：人员准入全面性

人员准入要求各供电企业依托国网安全风险管控监督平台等信息系统，建立动态的作业人员名册，全面实行实名制管理。在进场作业前，对所有作业人员严格实施安全准入考试、资格能力审查，坚决防止安全意识不强、安全记录不良、能力不足的人员进入施工现场，严防作业人员盲目作业。

原则二：安全记分及时性

各公司应健全安全生产激励约束和人员退出机制，在深入开展现场安全督查基础上，以现场反违章工作为抓手，建立违章及时曝光和记分机制，依据人员违章情况及时记分，实施"负面清单"管控，严格执行停工学习、约谈、"说清楚"、重新准入等惩戒措施。

原则三：安全管理动态化

各单位应动态开展现场作业人员资质、证照核查，推行人员违章记分，实施全员安全资信记录和人员安全"负面清单"管控，将安全记录与员工绩效考核、外包人员安全资信评价挂钩，对作业水平低、反复违章、安全素质能力严重不足的作业人员，及时清理出场，实现动态化安全管理。

第二节　人员管理过程

管住人员就是通过建立完善的人员安全准入、评价、奖惩、退出等制度规范体系，对各类作业人员实施严格的安全准入考试、违章记分管控和安全激励约束，强化全方位、全过程的监督管理，以安全制度规范人、用监督管控约束人、拿安全绩效引导人，做到"知信行"合一，切实增强作业人员主动安全意识和能力，为"管住现场"提供关键保障。

一、人员准入

一名合格的现场作业人员，应具备必要的电气知识和业务技能，且按工作性质，熟悉本部分的相关部分，并经考试合格；具备必要的安全生产知识，学会紧急救护法，特别要学会触电急救。因此，为了更好地审核作业人员资格能力，在进入现场作业前，我们需对所有进场地作业人员开展安全准入考试和能力审查，严防安全意识不强、安全记录不良、能力不足的人员进入施工现场。安全准入审查和考试的流程为：

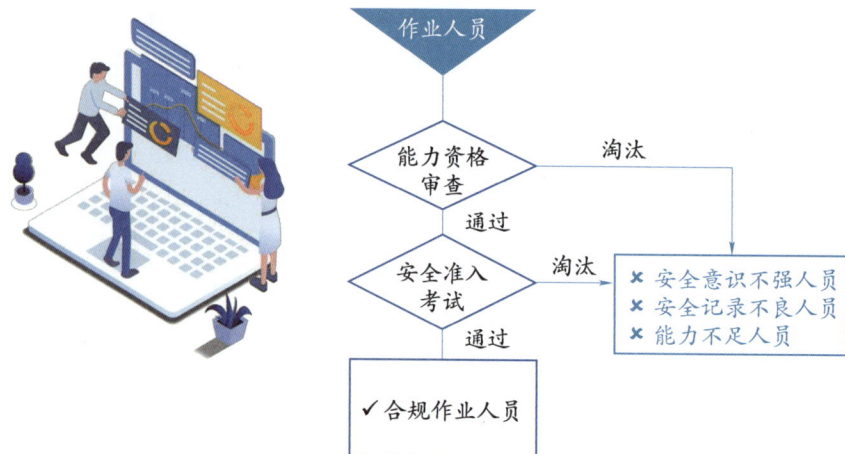

（一）准入报备

1. 准入范围

公司对需进入各单位所属生产经营区域从事生产施工作业的企业和人员实行严格安全准入管理。作业人员是指进入公司生产经营区域从事现场作业的人员，包含系统内员工（主业、产业单位员工）和外来人员（例如社会施工、监理、租赁单位等）。

2. 准入报备流程

业务承揽企业的作业人员应与从事的工程项目进行关联，执行"先关联、再报备"流程，具体的关联和报备要求如下：

01	每名人员关联一支外包队伍，备案一个单位。外包人员在承担工程项目的地市级单位备案，不允许一人同时在两家及以上地市级单位备案，根据需要提前变更备案单位
02	人员跨地市同工种作业，变更备案单位，由受理单位准入审批，有效期内不重复考试
03	人员岗位标识、特种作业人员、项目部管理人员要认真选择，不允许劳务分包人员担任"三种人"，特种作业人员必须全量上传有效证件

| 04 | 作业人员最多备案 2 个准入专业，需要分别通过准入考试 |

（二）能力资格审查

安全资信信息的审核采用专业管理部门初审+安监部门复核的方式，以确保数据的正确性、完整性和规范性。

01	对项目管理、特种作业、监理等关键人员进行资质证书和社保证明的原件审核，对所有报备人员审查劳务合同和保险体检信息
02	由各单位专业管理部门负责审核人员备案的安全资信、特种作业证、三种人、准入专业、岗位标识准确性，登录相关政府网站核实资质属实性，并指导督促补全缺失信息和证照，更新过期证照
03	由安全监督部门负责复核、监督备案资料准确性

（三）安全准入考试

安全准入考试作为进入公司生产经营区域作业的基本条件，不替代专业管理部门（项目管理部门）、业务承揽企业按照国家法律法规应开展的安全教育培训和考试。人员安全准入考试组织要求如下：

| 01 | 作业人员安全准入考试由公司统一组织、统一成绩合格标准和准入期限，每年至少组织 2 个批次。地市、县公司级单位分级实施，各层级人员参考范围执行《国家电网有限公司安全教育培训工作规定》[国网（安监/4）984—2019]相关规定，确保主业单位、产业单位、业务承揽企业相关人员"应考必考" |

02	主业单位、产业单位所有作业人员安全准入考试一般安排在每年春检、秋检开始前一个月周期内。对主业单位的作业人员，安全准入考试应晚于专业管理部门组织开展的安全考试。对产业单位、业务承揽企业的作业人员，安全准入考试应晚于其自行组织开展的安全考试，且早于项目管理部门组织开展的考试，公司统一组织的安全准入考试不合格者，不允许参加项目管理部门组织的考试
03	其他业务承揽企业作业人员安全准入考试结合工程项目开复工适时组织。地市公司级单位可根据物资部门服务招标计划，增加外包作业人员安全准入考试批次。对厂家配合人员等临时进场作业人员，应采取动态考试方式实施准入
04	项目管理单位和业务承揽企业应组织所有作业人员参加集中批次安全准入考试。确需增加批次的，由项目管理单位向本级安全监督部门申请
05	健全各专业考试题库，统一专业设置和考试内容，统一安排现场监考（或委托培训机构实施监考管理），考场设置监控设备，安排专人远程视频监考

二、人员安全记分

作业人员发生违章记分后，进行现场提醒、停工、发布，核实，整改反馈，闭环检查，落实处罚。

人员实名制管控

各单位实施人员实名制管理

全过程动态安全评价管理　　落实安全失信惩处措施　　强化安全责任履行

🔍 人员安全记分

✔ 对作业人员的全过程安全记分管理，并将相关记分和不良安全行为记录到平台中

✔ 在一个评价期间内（一般为一年）作业人员安全记分实行累积，并作为作业人员动态安全评价分级的标准

三、考核退出管控

为认真贯彻"安全第一、预防为主、综合治理"的方针，培养一线作业人员遵章守规意识和业务技能，教育全体员工知敬畏、明底线、守规矩。国家电网公司严格落实违章处罚，实行违章记分红、黄牌警告机制，警告记录记入违章记分档案。

班组个人		四级单位管理人员	
累计违章记分达到12分	**累计违章记分达到24分**	**累计违章记分达到12分**	**累计违章记分达到24分**
■ "黄牌"警告 ■ 由所在四级单位对其进行警示教育培训	■ "红牌"警告 ■ 由所在四级单位对其进行约谈并离岗培训一周，经考试合格后方能上岗	■ "黄牌"警告 ■ 由所在三级单位的安监部门对其进行警示教育培训	■ "红牌"警告 ■ 由所在三级单位安委办进行约谈，并安排重新学习《安规》，经考试合格方能上岗

各省公司级单位应对存在违规行为的作业人员实行"负面清单"管理

明确"负面清单"标准和管理细则

评价周期内安全记分清零或达到规定下限的人员——纳入"负面清单"、约谈警告

"负面清单"由省公司级单位统一管理并审定发布

第三节　人员管理要求

人员是现场作业和管控措施执行的主体，也是作业风险管控最关键因素。人员管理需要对人员准入严格把关，实行人员安全记分制度，对人员进行考核退出管控，落实人员管理要求。

一、人员准入

人员准入要做到严格把关，就要切实落实资质审查要求和安全准入考试要求。

（一）资质审查要求

1. 人员档案核查

一致性检查

核查人员照片、岗位等信息是否与现场实际人员一致，避免冒名顶替

正确性检查

核查人员照片、岗位等信息是否正确，官方资格证书查询渠道查证，避免资料造假

培训教育检查

检查安全教育培训是否对应所从事工作、考试是否合格，避免培训教育与工作不相符

- 不允许一人同时在两家及以上地市级单位备案，根据需要提前变更备案单位
- 作业人员最多备案2个准入专业，需要分别通过准入考试

2. 资格证书检查

有	真	符	效
有无资格证	资格证是否真实有效	资格证是否与从事作业相符	资格证是否超期

（二）安全准入考试要求

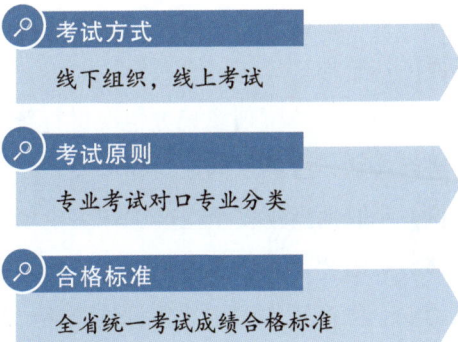

🔍 **考试方式**

线下组织，线上考试

🔍 **考试原则**

专业考试对口专业分类

🔍 **合格标准**

全省统一考试成绩合格标准

省公司级单位安监部门牵头组织安全准入考试

- ✓ 健全各专业考试题库
- ✓ 全省统一考试内容、专业设置、考试成绩合格标准等

- ✓ 统一安排现场监考
- ✓ 设置监控设备，专人远程监考

- ✓ 通过平台模块采取线上考试
- ✓ 考试结果及时录入人员安全资信档案，作为安全准入必备条件

二、人员安全记分

为确保人员安全准入要求的有效落地，各单位要强化违章通报考核，认真开展反违章工作，定期通报专业督查的典型违章，深化反违章"周通报、月分析、季考核"机制，坚持早调会曝光典型违章。按国家电网公司要求，按照《国家电网公司安全生产反违章工作管理办法》相关规定，对触犯"红线禁令"，要按照"四不放过"的原则，深入剖析违章根源，制定行之有效的预防措施，坚决防范类似情况重复发生。对明知故犯、反复发生的同类性质违章要严肃追究管理责任。各级安监部门按月、分专业统计分析并下发违章通报，对具有倾向性和普遍性的问题，监督专业部门制定强化管控措施并抓好落实，从预防违章、查处违章、整治违章等全过程形成闭环管控。

公司对各单位违章记分情况进行统计分析，按违章记分由高到低的顺序进行排名，应纳入同业对标考核。在一个年度内，对于违章记分最高的单位，应取消当年安全生产工作突出单位评选资格，或安全生产工作突出集体、班组和个人评选名额减半。各单位对违章记分最高的四级单位，应取消安全生产工作突出集体评选资格，或安全生产工作突出班组和个人评选名额减半。三级正、副职领导（管理）人员因本单位"红牌"警告累计达两次者，应取消当年安全生产工作突出个人评选资格。

按照安全生产形势预警管理办法，公司对安全生产存在苗头性、倾向性问题和安全基础管理滑坡的三级单位下发安全生产形势预警单，及时敲响警钟，督促问题整改，抓早抓小，严防安全事故。

三、考核退出管控

红黄牌制度是对达到相应违章记分标准的个人、班组、四级单位和三级单位给予红、黄牌警告，警告记录记入违章记分档案。三级单位应对达到红、黄牌警告的个人、班组、四级单位充分利用网站、公告栏、安全会议等形式给予曝光，公司对达到红、黄牌警告的三级单位利用周安全生产例会、早调会等形式给予曝光。

（一）个人触发条件及处理措施

班组个人累计违章积分达到本公司黄牌警告标准，由所在四级单位对其进行警示教育培训，给予"黄牌"警告；累计违章积分达到红牌警告标准，给予"红牌"警告，由所在四级单位对其进行约谈并离岗培训一周，经考试合格后方能上岗。

四级单位管理人员个人违章积分达到本公司黄牌警告标准，由所在三级单位的安监部门对其进行警示教育培训，给予"黄牌"警告；累计违章积分达到红牌警告标准，给予"红牌"警告，由所在三级单位安委办进行约谈，并安排重新学习《安规》经考试合格方能上岗。

（二）班组触发条件及处理措施

班组累计违章记分达到黄牌警告标准，由所在单位安委办进行通报批评，给予"黄牌"警告。班组累计违章记分达到红牌警告标准或触犯一次"红线禁令"，给予"红牌"警告，由所在三级单位对该班组长进行约谈，并留存约谈记录。

安全警示教育、培训记录计入安全培训档案，培训期间严格遵守本单位的各项规章制度、劳动纪律及人资部门规定的薪酬标准。

（三）四级单位触发条件及处理措施

四级单位累计违章记分（每发生一起违章按标准记分一次）达到黄牌警告标准，由所在单位安委办进行通报批评，给予"黄牌"警告。集体累计违章记分达到红牌警告标准或触犯一次"红线禁令"，给予"红牌"警告，由所在单位安委办对该集体负责人进行约谈，并留存约谈记录。

（四）三级单位触发条件及管理要求

三级单位累计违章记分（每发生一起违章按标准记分一次）达到黄牌警告标准或触犯一次"红线禁令"，由公司安委办对其通报批评，给予"黄牌"警告，对相关责任人进行"约谈"。累计违章记分达到红牌警告标准或两次触犯"红线禁令"，在公司系统通报批评，给予"红牌"警告，三级正职领导（管理）人员向公司安委会"说清楚"，并负责督导落实改进措施。

第四节 人员管理评价

2021 年国网安委办印发的《"四个管住"工作评价实施方案》中明确了对"管住人员"的重点内容的"三大评价管理指标",主要包括人员准入、动态管控和考核奖惩三个重点内容。

一、人员准入

人员准入的评价项目有两个,即:人员安全资信档案库、准入考试。其中,人员安全资信档案库的标准分与准入考试的标准分均为 20 分。具体的评价标准为:

人员安全资信档案库 评价标准

未依托平台建立人员安全资信档案库,此项不得分。

→ 各单位应建立人员安全资信档案库,对进入公司生产经营区域从事现场作业的人员,包括系统内员工(主业、产业单位员工)和外来人员实施全覆盖管理。

准入考试 评价标准

1. 准入管理覆盖不全面,未对进入公司生产经营区域从事现场作业的人员,包括系统内员工(业主、产业单位员工)和外来人员实施全覆盖管理的,每发现1人扣2分;

2. 未每年定期组织开展作业人员安全准入考试,此项不得分;

3. 考试未按照要求采取线上方式,扣10分;未记入安全资信档案,每发现1人扣1分。

→ 省公司级单位安监部门牵头组织安全准入考试工作。应健全各专业考试题库,考试内容、专业设置、考试成绩合格标准等应全省统一。

→ 应统一安排现场监考(或委托培训机构实施监考管理),考场设置监控设备,安全专人远程视频监考。

→ 安全准入考试应通过平台模块采取线上考试方式,考试结果及合格情况应及时记录至作业人员安全资信档案,作为安全准入的必备条件。

二、动态管控

动态管控的评价项目有两个，即：人员实名制管控、人员安全记分。其中，人员实名制管控的标准分与人员安全记分的标准分均为 20 分。具体的评价标准为：

人员实名制管控 评价标准

1. 未实施人员实名制管理或未持证上岗，此项不得分；
2. 地市、县级单位专业管理部门未及时将参与本专业作业的人员信息录入平台，包括人员证照、报考专业、联系方式等信息并与业务承揽企业相关联，每发现1人扣2分。

→ 各单位应实施人员实名制管理。

→ 对承包单位及其作业人员实施全过程动态安全评价管理，落实安全失信惩处措施，强化承包单位和现场作业人员安全责任履行。

人员安全记分 评价标准

1. 未根据安全事件级别、违章严重程度和违章记（减）分标准，实施安全记分管理，此项不得分；
2. 未及时根据违章情况对人员进行记分或者记分不准确、不相符的，每发现1项扣2分。

→ 对作业人员的全过程安全记分管理，并将相关记分和不良安全行为记录到平台中。

→ 在一个评价周期内（一般为一年）作业人员的安全记分实行累积，并作为作业人员动态安全评价分级的标准。

三、考核奖惩

考核奖惩的评价项目有一个，即负面清单。负面清单的标准分为 20 分。具体的评价标准为：

负面清单　评价标准	
1. 未明确人员"负面清单"标准和管理细则，此项不得分；	各省公司单位应对存在违规行为的作业人员实行"负面清单"管理，明确"负面清单"标准和管理细则。
2. 未将评价周期内安全记分清零、达到规定下限或存在违规行为（按本单位制度要求）的单位纳入"负面清单"，或未落实约谈警告等对应处理措施，每发现1次扣10分；	对评价周期内安全记分清零或达到规定下限的人员，应及时纳入"负面清单"，落实约谈警告等处理措施。
3. "负面清单"未由省公司级单位统一管理并审定发布，视情况扣5～10分。	"负面清单"应由省公司级单位统一管理并审定发布。

第五节　典型案例分析

案例一

（一）案例经过

2017年5月6日下午，某公司承建的550kV输电线路工程项目分包单位在181#铁塔未经过验收，改变施工计划安排，未按照业主项目部和施工项目部要求5月8日作业的计划安排，在没有提前通知施工项目部和监理项目部人员到位，且没有确认塔根连接是否牢固、拉线是否满足要求的情况下，某公司现场施工队负责人蒋某某就安排架线班组负责人李某某对181#～151#左相导线紧线施工。5月7日上午6时30分，该公司继续对181#～151#进行中相导线紧线施工，7点26分，在进行第二根子导线紧线时，181#塔向151#侧倾倒，同时151#铁塔塔头折弯，造成181#塔上5名高处作业人员随塔跌落，2人当场死亡事故。

（二）案例分析

01	管理违章、行为违章与装置违章并存，工程施工诸多环节反映出安全责任体系不健全、违反电网建设安全规程、监督管理失控、反事故措施不落实的问题。
02	建设、监理和施工单位安全责任制不落实，相关管理者责任心不强，安全风险防范意识缺失，施工组织及转序管理不到位，安全技术措施未监督执行，铁塔组立后未开展各级检查验收。
03	分包管理问题较多，各层面疏于对分包单位安全教育，未进行分包队伍和人员资质审查，分包安全监督管控不力，流程管理不严，施工方案编制流于形式，现场基本管控程序未履行，以包代管问题突出。 安全警示教育、培训记录计入安全培训档案，培训期间严格遵守本单位的各项规章制度、劳动纪律及人资部门规定的薪酬标准。
04	分包队伍安全意识淡薄，部分高空作业人员无资质，相关安全技能培训未开展，施工现场严重违章，反事故技术措施执行不力，施工人员自我保护能力差，安全防护技能缺失，在塔基未紧固，反向拉线角度不符合安全要求（不超过 45 度）状况下冒险开展高空作业。

（三）经验总结

01	各单位深刻吸取本次事故教训，制定切实有效的防范措施。
02	落实各级施工安全责任，刚性执行施工计划，严格按照基建程序开展各项作业，认真履行转序、验收等工作流程。

03	全面开展施工违章自查自纠，要组织施工建设单位和各分包队伍，认真吸取本事故教训，结合安全日活动，鼓励员工自主发现违章，自觉纠正违章，相互监督整改违章。
04	各建设施工现场要立即全面开展安全隐患排查，重点排查高空作业、近电作业、三跨施工、深基坑作业、高大模板支护、跨越架和脚手架搭设、拆旧撤线等高风险作业，严格执行防高坠、防触电、防跑（断）线、防倒杆、防倒塌、防机械伤害等安全技术措施。
05	工程承包单位要强化施工分包管理，将各类分包队伍纳入统一管理，统一培训、统一考核。施工（总包）单位和监理单位要随时掌握施工队长、安全员、工地负责人等关键人员的信息。
06	各项目责任单位结合现场实际制定对现场作业有切实指导作用的施工方案，加强关键安全技术参数复核和审查，严格落实方案要求的各项安全技术措施。
07	各单位要立即将本事故快报转发基层单位、施工一线，吸取事故教训，防止此类事故再次发生。

案例二

（一）案例经过

2017年5月14日某公司分包单位正在从事铺集110kV输电工程8#～15#区段放线紧线工作，7时30分，项目部组织召开停电开工会，8时完成跨越封网并开始放线。8时37分开始对9#～15#区段导、地线进行紧线和挂线，11时53分开始进行8#～15#区段光缆（左侧地线）架线，在8#塔进行光缆紧线，15#塔为锚线塔；在9#塔左侧地线支架悬挂放线滑车对光缆进行紧线施工，其他作业未进行。11 时 55 分左右，准备划印（标记）安装耐张金具时，9#塔整体向转角内侧坍塌，造成正在铁塔上进行紧线施工的高某某等 4 人随塔坠落，当场死亡事故。

（二）案例分析

01	"以包代管"问题依然突出，各级安全责任制不落实，人员责任心不强，相关单位未对现场进行必要的检查验收和把关，工程建设单位、施工单位和监理单位均未及时发现和纠正施工现场重大安全问题。
02	分包单位作业组织秩序混乱，违反电网建设安规，未按照施工作业技术措施进行施工，施工人员盲目作业，在反向拉线未设置的情况下冒险开展放线。
03	参建单位未深刻吸取"5·7"事故教训，对安全工作要求置若罔闻，本次事故发生的原因与"5·7"分包人身死亡事故相似，反映出施工安全措施、技术措施和组织措施存在严重缺失。

本章小结

本章主要讲解了人员管理的原则、过程、要求以及评价标准。其中人员管理原则包括人员准入全面性、安全记分及时性以及安全管理动态化三大原则；人员管理过程则对人员准入、人员安全记分和考核退出管控三大方面进行讲解；而人员管理要求则对应人员管理过程的三大方面，细化深入讲解资质审核要求、安全准入考试要求、人员安全记分以及红黄牌制度的具体要求；最后对人员管理评价项目与细则进行剖析解读。

任务测试

1. 管住人员的"三大评价管理指标"是什么？

小提示

　　国家电网公司安委办〔2021〕12 号文件,《"四个管住"工作评价实施方案》中明确人员管理评价指标的三大维度,即"人员准入""动态管控"和"考核奖惩"。

2. 请简述班组个人触发红黄牌的条件及对应的处理措施内容。

小提示

　　班组个人累计违章积分达到本公司黄牌警告标准,由所在四级单位对其进行警示教育培训,给予"黄牌"警告;累计违章积分达到红牌警告标准,给予"红牌"警告,由所在四级单位对其进行约谈并离岗培训一周,经考试合格后方能上岗。

第六章　管住现场

本章聚焦

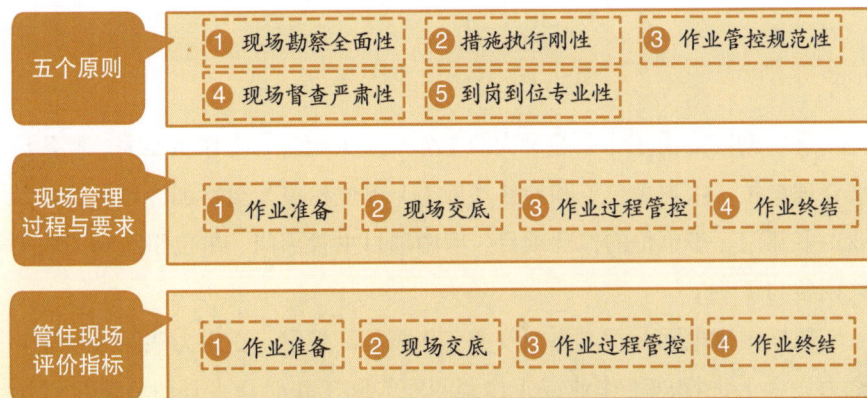

✓ 了解现场管理的原则、过程、要求以及评价指标
✓ 掌握现场管理的具体要求

知识脉络

五个原则
① 现场勘察全面性　② 措施执行刚性　③ 作业管控规范性
④ 现场督查严肃性　⑤ 到岗到位专业性

现场管理过程与要求
① 作业准备　② 现场交底　③ 作业过程管控　④ 作业终结

管住现场评价指标
① 作业准备　② 现场交底　③ 作业过程管控　④ 作业终结

知识讲解

第一节　现场管理原则

现场是风险管控和安全措施聚焦的核心，是队伍、人员、物资等生产要素和计划、组织、实施等管理行为动态交汇的场所，也是作业风险管控的落脚点。现场管理需要遵循五大原则，包括：

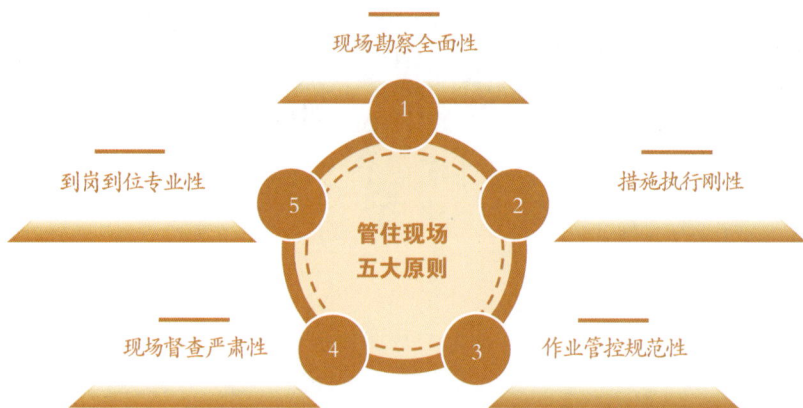

原则一：现场勘察全面性

现场勘察应由工作票签发人或工作负责人组织，工作负责人、设备运维管理单位（用户单位）和检修（施工）单位相关人员参加。对涉及多专业、多部门、多单位的作业项目，应由项目主管部门、单位组织相关人员共同参与。

依据国家电网公司《电力安全工作规程》规定，在电力线路（电缆）、电力设备上进行施工作业或工作票签发人和工作负责人认为有必要现场勘察的检修作业时，施工、检修单位均应根据工作任务组织现场勘察，并认真填写现场勘察记录。

原则二：措施执行刚性

现场作业过程中，工作负责人、专责监护人应始终在作业现场，严格执行工作监护和间断、转移等制度，做好现场工作的有序组织和安全监护。工作负责人重点抓好作业过程中危险点管控，应用移动作业 APP 检查和记录现场安全措施落实情况。

原则三：作业管控规范性

作业管控要求施工作业队伍、班组加强工作组织、措施落实和过程管理，严格《安规》、生产现场作业"十不干"要求和"三措一案""两票"执行，规范实施标准化作业流程，严格进场施工设备、机具管理，强化倒闸操作、安全措施布置、许可开工、安全交底、现场施工、作业监护、验收及工作终结全过程管控。

原则四：现场督查严肃性

各级单位应强化现场安全督查，健全上级对下级检查、同级安全监督体系对安全保证体系督促的工作机制，发挥安全保证体系和安全监督体系共同作用，充分运用"四不两直""远程+现场"等督查方式，严肃查纠、曝光、考核各类违章行为。

原则五：到岗到位专业性

各级单位应建立健全生产作业到岗到位管理制度，严格作业风险分级管控工作要求，明确到岗到位标准和工作内容，实行分层分级管理。各级领导干部和管理人员，按照"管业务必须管安全"原则，常态开展作业现场检查，督促作业人员落实安全责任，严格执行各项安全管控措施。到岗到位人员对发现的问题应立即责令整改，并向工作负责人反馈检查结果。

第二节 现场管理过程

管住现场就是在现场作业准备、实施全过程中，各部门采取一系列手段，保证现场作业安全、规范实施的过程。在此过程中，我们需要通过发挥专业保证和监督体系协同管控作用，强化作业现场技术管控，提升标准化、机械化作业能力；依托安全风险管控监督平台和各级安全管控中心，应用数字化智能管控手段，强化对作业现场的全过程、全覆盖监督管控，确保管控措施有效落实。

一、作业准备

作业开始前，工作负责人应提前做好准备工作：

1. 核实作业人员是否具备安全准入资格、特种作业人员是否持证上岗、特种设备是否检测合格。

2. 核实作业必需的工器具和个人安全防护用品，确保合格有效。

3. 按要求装设视频监控终端等设备，并通过移动作业APP与作业计划关联。

4. 工作许可人、工作负责人共同做好现场安全措施的布置、检查及确认等工作，必要时进行补充完善，并做好相关记录。安全措施布置完成前，禁止作业。

二、现场交底

工作许可手续完成后，工作负责人组织全体作业人员整理着装，统一进入作业现场，进行安全交底。

现场安全交底，主要包含两个环节：

1. 召开班前会，宣布各项注意事项

工作许可手续完成后，工作负责人组织全体作业人员整理着装，统一进入作业现场，进行安全交底，列队宣读工作票，交代工作内容、人员分工、带电部位、安全措施和技术措施，进行危险点及安全防范措施告知。

2. 安全交底确认

安全交底后工作班成员应清楚工作任务、危险点，不清楚应向工作负责人问清楚后方可签字，签字后方可开工。

三、作业过程管控

作业过程的管控要做好现场作业、现场督查以及到岗到位的把关。

（一）现场作业

各类人员在现场作业需把关方案执行、工作票执行以及监护制度执行，明确分工与职责，确保现场作业顺利开展。

方案执行

1. 工作负责人应严格按照施工方案开展作业。
2. 到岗到位人员对施工方案的执行重点检查。
3. 安全督查人员对施工方案的执行重点督查。

工作票执行

1. 工作负责人变更应及时在工作票上履行变更手续。
2. 作业人员变动应及时在工作票上履行变更手续。
3. 专责监护人、大型机械监护人应及时在工作票上备注。
4. 现场装、拆接地线，拉、合接地刀闸，应及时在工作票中记录。
5. 若专责监护人必须长时间离开工作现场时，应及时在工作票上履行变更手续。

监护制度执行

1. 工作负责人应根据现场具体情况增设专责监护人。
2. 工作监护人、专责监护人加强监护，严禁现场无监护作业。
3. 到岗到位人员、安全督查人员监督专责监护人是否足够、现场是否监护到位。

（二）现场督查

现场督查工作流程包括三大环节：

督查准备 > 现场督查 > 违章处置

1. 督查准备

现场安全督查计划按照"周计划、日安排"原则执行。

各级安监部门

根据作业风险分级管控、季节特点、各类安全专项检查等工作，统筹各级督查队人员承载力，对现场安全督查周计划提出指导意见。

各级安全督察队

制定现场安全督查周计划：在安全风险管控监督平台（以下简称风控平台）中，根据周作业计划，按照各级安监部门的指导意见，制定现场安全督查周计划。

分解现场安全督查日计划：根据现场安全督查周计划，在风控平台中分解现场安全督查日计划，并派发至督查人员。

安全督查人员

确定现场督查关键，制定现场督查标准：根据督查工作类型，熟悉作业计划、作业风险点、作业人数、施工（检修）方案、现场督查要点等，确定现场督查关键环节和检查重点，并在风控平台移动APP中制定现场督查标准。

准备督查装备：提前准备好车辆、督查证、移动作业终端、执法记录仪、安全帽、工作服等督查装备及必要的应急医疗药品。

2. 现场督查

安全督查人员到达现场后，开启执法记录仪，向现场人员出示督查证，亮明身份，同时在移动作业 APP 中签到。对照现场督查标准，采用"考、问、查、看"的方式逐条开展现场安全督查，具体内容为：

1. 现场"安规"考
抽取现场相关人员，结合作业内容，考查"安规"相关条款。可采用口头或简单书面方式。

2. 现场人员询问
询问现场作业人员；询问监护人、监理人员；询问劳务分包人员。

3. 现场资料检查
作业现场要检查作业资料；施工、监理项目部驻地要检查相关作业资料。

4. 安全措施查看
现场检查高风险作业安全措施落实情况。

3. 违章处置

督查过程中发现违章，应立即予以制止、纠正，并按照违章处理流程进行处置。对发现严重违章或存在重大安全隐患的现场，督查人员有权责令现场立即停工。

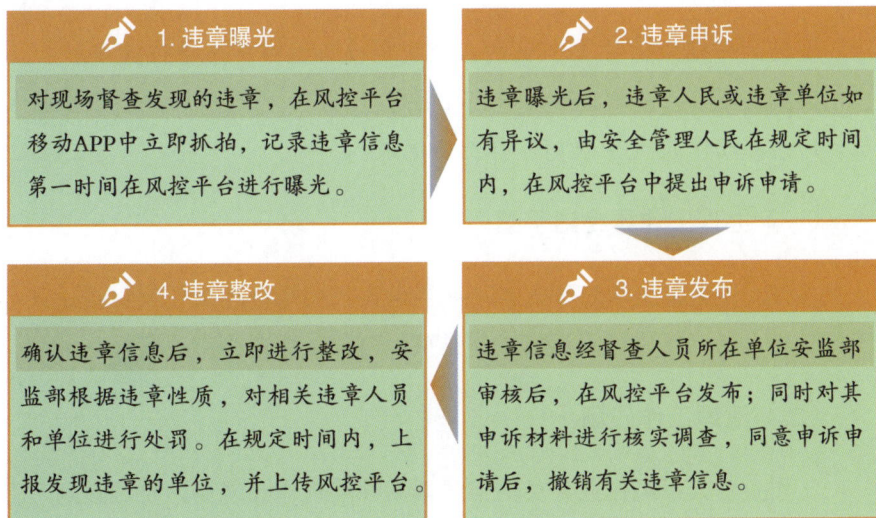

1. 违章曝光
对现场督查发现的违章，在风控平台移动APP中立即抓拍，记录违章信息第一时间在风控平台进行曝光。

2. 违章申诉
违章曝光后，违章人民或违章单位如有异议，由安全管理人民在规定时间内，在风控平台中提出申诉申请。

3. 违章发布
违章信息经督查人员所在单位安监部审核后，在风控平台发布；同时对其申诉材料进行核实调查，同意申诉申请后，撤销有关违章信息。

4. 违章整改
确认违章信息后，立即进行整改，安监部根据违章性质，对相关违章人员和单位进行处罚。在规定时间内，上报发现违章的单位，并上传风控平台。

（三）到岗到位

各级单位应建立健全生产作业到岗到位管理制度，严格作业风险分级管控工作要求，明确到岗到位标准和工作内容，实行分层分级管理。各级领导干部和管理人员，按照"管业务必须管安全"原则，常态开展作业现场检查，督促作业人员落实安全责任，严格执行各项安全管控措施。到岗到位人员对发现的问题应立即责令整改，并向工作负责人反馈检查结果。

依据不同作业风险等级，分层分级到岗履责情况如下：

三级及以上风险作业	二级风险作业
相关省地市级单位或建设管理单位专业管理部门、县公司级单位负责人或管理人员应到岗到位。	相关地市级单位或建设管理单位分管领导或专业管理部门负责人应到岗到位；省公司级单位专业管理部门应按有关规定到岗到位。

此外，输变电工程到岗到位要求按照《国家电网有限公司输变电工程建设安全管理规定》执行。

四、作业终结

现场工作结束后，工作负责人应配合设备运维管理单位做好验收工作，核实工器具、视频监控设备回收情况，清扫、整理现场，清点作业人员，应用移动作业 APP 做好工作终结记录。

（一）办理工作票终结手续

工作结束后，工作负责人需按照当地调控要求办理工作票终结手续。工作负责人向工作许可人汇报工作结束，办理工作票终结手续。

（二）清理工作现场

工作负责人组织作业人员清点工器具并清理作业现场，要求做到"工完、料尽、场地清"。

（三）召开班后会

全体班组人员召开班后会，工作负责人对作业进行总结评价、分析不足：

> 对施工质量、安全措施落实情况、作业流程进行现场点评；
> 对作业人员的熟练程度、规范性进行点评。

（四）资料整理及工器具入库

工作负责人将工作票执行、终结等信息录入管理系统，并将纸质资料进行归档保管，包括工作票、现场勘察记录和作业指导书。作业人员还需将工器具归还入库，并办理入库手续。

第三节　现场管理要求

现场管理需严格落实作业现场作业准备、现场交底、作业过程管控以及作业终结具体要求，强化对作业现场的全过程、全覆盖管控，督促各单位切实发挥专业保证和监督体系协同管控作用，严格各项安全管控措施执行落实，确保作业安全有序实施。

一、作业准备

作业前准备需按要求做好作业条件检查、工器具及个人防护用品检查、工作票检查以及安全措施布置与检查。

（一）作业条件检查

作业条件检查需从人员检查、证件检查以及设备检查三方面入手。

1. 人员检查

首先考量作业人员是否会存在不安全行为的隐患，需从四方面入手：

身体因素	技能水平	行为习惯	心理因素
身体条件、健康状态是否良好	岗位胜任能力是否达标	习惯性违章是否存在	盲从、侥幸、逆反、从众或"经验"心理是否存在

其次，特种设备作业人员应按照国家有关规定，经特种设备安全监督管理部门考核合格，取得统一格式的特种作业人员证书，方可从事相应的作业或管理工作。《特种设备作业人员证》应按期复审。

2. 证件检查

开工前工作负责人指定责任心强的专人对特种设备证件进行检查，以起重机为例：

进入变电站的起重机应具备检验报告和定期维修保养记录

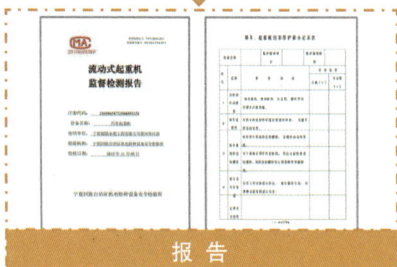

报 告

进入变电站的起重机应具备产品合格证、安全检验合格证

合格证

起重指挥、司机人员应持有特种设备作业资格证，并与所操作（指挥）的起重机类型相符合，并具备变电站内工作经验

驾驶证

对于涉及邻近带电设备的起重作业，运维单位应指派专责监护人，专责监护人应熟悉现场情况，并取得起重机指挥资格证

指挥证

3. 设备检查

车辆及设备在使用前均应进行仔细的使用前检查，尤其是特种车辆及特种设备应经具有专业资质的检测检验机构检测、检验合格，取得安全使用证或者安全标志后，方可投入使用。

开工前，工作负责人指定责任心强的专人进行检查：

（1）吊车的检查

查绳卡

● 检查钢丝绳绳卡安装正确，绳卡压板应在钢丝绳主要受力的一边，不准正反交叉设置
● 绳卡间距不应小于钢丝绳直径的6倍，绳卡数量不少于3个

正确的安装

查限位器

● 检查吊车限位器完好

查轴销

● 检查吊车各部位轴销齐全

查吊钩

- 检查吊钩防脱钩保险装置弹性良好

查灭火器

- 检查吊车操作室应配备4公斤以上灭火器，灭火器压力表指针在绿区，在有效期内

查绝缘垫

- 检查吊车操作室应满铺绝缘垫

（2）高空作业车的检查

查整车

- 检查外观干净整洁，整体有无损伤变形、焊缝有无裂纹、控制电缆有无损坏
- 检查各部位液压油和润滑油有无渗漏现象等情况

查车辆传动系统

- 检查运行有否异响，连接部位有否卡壳
- 注意：在操作系统检查完成后，再次检查各部位液压油和润滑油有无渗漏现象

查下装支腿

- 检查是否伸缩灵敏，水平、垂直时伸缩行程可达最大位置，水平指示正确

查铭牌标签、警示标识

● 检查铭牌标签、警示标识齐全、清晰，无模糊不清、破损而无法辨认的情况

查声光系统

● 喇叭声响是否宏亮
● 倒车蜂鸣器是否正常
● 警告蜂鸣器是否正常
● 警示灯是否正常

查车辆接地线

● 检查车辆接地线连接牢固，有无断股、散股、连接不牢固情况

（3）叉车的检查

查轮胎

● 检查轮胎气压正常，无漏气
● 如为实心轮胎，则检查其无裂纹

查门架

● 检查门架无裂痕、变形、滑动灵活

查倾斜油缸

● 检查倾斜油缸与车架连接是否牢固，锁止是否可靠

查油位/电量
- 如为油车，则检查油位，油量是否充足
- 如为电车，则检查电量是否充足

查仪表
- 检查仪表指示正常

查试车
- 检查货叉的升降、前倾后仰正常灵活
- 方向盘转动灵活
- 刹车制动灵敏

（4）桥式起重机的检查

查吊钩
- 检查表面光洁，无毛刺、裂纹、变形
- 检查吊钩是否转动灵活
- 检查吊钩闭锁装置有无缺失、松动

查钢丝绳
- 检查钢丝磨损、腐蚀量，无断丝断头、无明显变细，无芯部脱出、死角扭拧、挤压变形、退火、烧损现象
- 钢丝绳端部连接及固定的卡子、压板、锲块连接完好，无松动

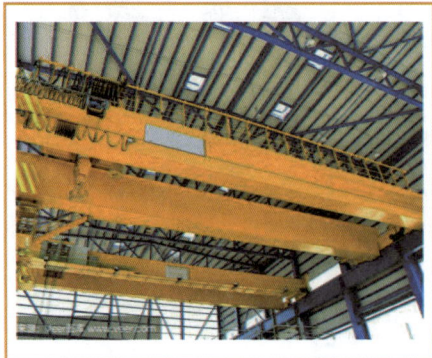

查卷筒
- 检查卷筒无裂纹，连接、固定无松动
- 检查筒壁磨损，应小于原壁厚的20%

查制动器
- 检查无裂纹，无松动，无严重磨损

查操控器
- 检查操控按钮是否标识清晰，按键正常
- 检查操作控制器进行前后、左右、上下试运行是否正常

查安全防护装置

- 检查桥式起重机的安全防护装置是否完好，包括限位器、缓冲器、防撞装置等，确保其功能正常
- 检查安全防护装置是否有效，如限位器是否准确限位，缓冲器是否能够有效吸收冲击

查吊绳

- 检查吊绳外观，无破损、老化
- 检查吊绳合格证是否在有效期内

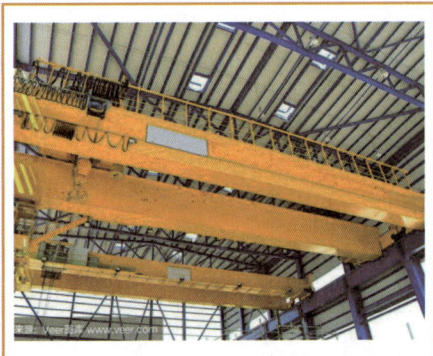

（5）高空作业平台的检查

查结构

- 检查高空作业平台的结构是否完好，有无松动、裂缝或腐蚀等情况
- 特别要注意平台上的连接件和固定螺丝是否牢固

查电气系统

- 检查高空作业平台的电气系统是否正常运行，如控制面板、电动机、电缆等
- 确保电气设备无漏电或短路现象

查安全装置

- 检查安全护栏、安全带、防滑装置等是否正常工作
- 特别要注意安全限位开关和急停开关是否灵敏可靠

查承载能力

- 检查高空作业平台的承载能力是否符合设计要求
- 若发现超负荷现象，应及时采取措施修复或更换部件

查运动部件

● 检查高空作业平台的运动部件，如液压缸、伸缩臂等，保证其灵活运转，无异常声音和振动
● 检查运动部件外观完好，销轴紧固可靠，无漏油痕迹
● 检查运动部件各个连接部位固定牢靠，没有松动和缺件情况
● 检查运动部件起升回转润滑良好，运动不卡顿

（二）工器具及个人防护用品检查

作业人员应正确使用安全工器具及个人防护用品，严禁使用损坏、变形、有故障或未经检验合格的安全工器具、工机具以及仪器仪表。

1. 安全工器具检查

对安全工器具检查：应完好、未超出检验期；应分类放置、不能和其他材料混装运输，必要时采取防护措施。

（1）安全帽的检查

作业前，作业人员应对安全帽的合格证、完好性以及有效期等进行检查，其具体检查内容如下：

A. 合格证检查：安全帽永久标识和产品说明等标识清晰完整。

B. 完好性检查：安全帽的帽壳、帽衬（帽箍、吸汗带、缓冲垫及衬带）、帽箍扣、下颏带等组件完好无缺失。检查内容为：

帽壳内外表面应平整光滑，无划痕、裂缝和孔洞，无灼伤、冲击痕迹。	帽衬与帽壳联接牢固，后箍、锁紧卡等开闭调节灵活，卡位牢固。

C. 有效期限检查：使用期从产品制造完成之日起计算，超期的安全帽应抽查检验合格后方可使用，以后每年抽检一次。具体有效期限为：

1　植物枝条编织帽
不得超过两年

2　塑料和纸胶帽
不得超过两年半

3　玻璃钢（维纶钢）橡胶帽
不超过三年半

安全帽有效期

小贴士

● 受过一次强冲击或做过试验的安全帽不能继续使用，应予以报废。

● 高压近电报警安全帽使用前应检查其音响部分是否良好，但不得作为无电的依据。

（2）防护眼镜的检查

防护眼镜的检查主要包括：

标识检查	镜面检查	镜架检查
防护眼镜的标识清晰完整，并位于透镜表面不影响使用功能处。	防护眼镜表面光滑，无气泡、杂质，以免影响工作人员的视线。	镜架平滑，不可造成擦伤或有压迫感；同时，镜片与镜架衔接要牢固。

（3）安全带的检查

安全带的外观检查主要内容：标识清晰，各部件完整无缺失、无伤残破损。腰带、围杆带、围杆绳、安全绳无灼伤、脆裂、断股、霉变，各股松紧一致，绳子应无扭结，腰带、围杆带表面不应有明显磨损；护腰带完整，带子接触腰部分垫有柔软材料，边缘圆滑无角。缝合线完整无脱线，铆钉连接牢固不松动，铆面平整。金属配件表面光洁，无裂纹、无严重锈蚀和目测可见的变形，配件边缘应呈圆弧形。金属卡环（钩）必须有保险装置，且操作灵活。钩体和钩舌的咬口必须完整，两者不得偏斜。

（4）防电弧服的检查

在进行放电弧服检查时，一是确保标识清晰完整，无破损；二是确保手套与电弧防护服袖口覆盖部分不少于100mm、鞋罩覆盖足部。

（5）SF_6防护服的检查

在检查SF_6防护服时，需确定防护服的制造厂名或商标、型号名称、制造年月等标识是否清晰完整；防护服表面是否完好无损，是否存在破坏其均匀性、损坏表面光滑轮廓的缺陷，以及气密性是否良好。

（6）导电鞋（防静电鞋）的检查

在作业前，我们需检查确定导电鞋（防静电鞋）的鞋号、制造商名称和生产日期等标识是否清晰完整；鞋子内外表面是否破损，有误屈挠和污染等影响导电性能的缺陷。

小贴士

● 禁止将防静电鞋当绝缘鞋使用。

（7）电容型验电器的检查

在使用验电器前，需对验电器的标识、完好性等进行检查：

电容型验电器的额定电压或额定电压范围、额定频率（或频率范围）、生产厂名和商标、出厂编号、生产年份、适用气候类型（D、C和G）、检验日期及带电作业用（双三角）符号等标识清晰完整。	验电器的各部件，包括手柄、护手环、绝缘元件、限度标记（在绝缘杆上标注的一种醒目标志，向使用者指明应防止标志以下部分插入带电设备中或接触带电体）和接触电极、指示器和绝缘杆等均应无明显损伤。	绝缘杆应清洁、光滑，绝缘部分应无气泡、皱纹、裂纹、划痕、硬伤、绝缘层脱落、严重的机械或电灼伤痕。伸缩型绝缘杆各节配合合理，拉伸后不应自动回缩。
指示器应密封完好，表面应光滑、平整。	手柄与绝缘杆、绝缘杆与指示器的连接应紧密牢固。	自检三次，指示器均应有视觉和听觉信号出现。

小贴士

● 验电器的规格必须符合被操作设备的电压等级，使用验电器时，应轻拿轻放。

● 使用操作前，应对验电器进行一次自检，声光报警信号应无异常。

（8）绝缘杆的检查

在使用绝缘杆前，需对绝缘杆的标识、完好性等进行检查：

绝缘杆的型号规格、制造厂名、制造日期、电压等级及带电作业用（双三角）符号等标识清晰完整。	绝缘杆的接头不管是固定式的还是拆卸式的，连接都应紧密牢固，无松动、锈蚀和断裂等现象。
绝缘杆应光滑，绝缘部分应无气泡、皱纹、裂纹、绝缘层脱落、严重的机械或电灼伤痕，玻璃纤维布与树脂间黏接完好不得开胶。	握手的手持部分护套与操作杆连接紧密、无破损，不产生相对滑动或转动。

（9）带电作业用绝缘手套的检查

带电作业前，作业人员需检查带电作业用绝缘手套的可适用种类、尺寸、电压等级、制造年月及带电作业用（双三角）符号等标识是否清晰完整。此外，针对复合绝缘手套，还应具有机械防护符号。

（10）绝缘遮蔽罩的检查

在使用绝缘遮蔽罩前，作业人员被需对绝缘遮蔽罩的标识、完好性等进行检查，具体检查内容为：

绝缘遮蔽罩的制造厂名、商标、型号、制造日期、电压等级及带电作用（双三角）符号等标识清晰完整。	遮蔽罩内外表面不应存在破坏其均匀性、损坏表面光滑轮廓的缺陷，小孔、裂缝、局部隆起、切口、夹杂导电异物、折缝、空隙及凹凸波纹等。	提环、孔眼、挂钩等用于安装的配件应无破损，闭锁部件应开闭灵活，锁可靠。

（11）绝缘隔板的检查

在使用绝缘隔板前，作业需检查绝缘隔板的标识是否清楚完整，隔板有无老化、裂纹或孔隙。需要注意的是，绝缘隔板一般用环氧玻璃丝板制成，用于 10kV 电压等级的绝缘隔板厚度不应小于 3mm，用于 35kV 电压等级的绝缘隔板厚度不应小于 4mm。

（12）脚扣的检查

在使用脚扣前，作业人员被需对脚扣的标识、完好性等进行检查，具体检查内容如下：

标识清晰完整，金属母材及焊缝无任何裂纹和目测可见的变形，表面光洁，边缘呈圆弧形。	围杆钩在扣体内滑动灵活、可靠、无卡阻现象；保险装置可靠，防止围杆钩在扣体内脱落。

小爪连接牢固，活动灵活。	橡胶防滑块与小爪钢板、围杆钩连接牢固，覆盖完整，无破损。	脚带完好，止脱扣良好，无霉变、裂缝或严重变形。

（13）升降板（登高板）的检查

使用前，作业人员需检查其标识是否清晰完整，钩子是否有裂纹、变形或严重锈蚀，心形环是否完整、下部是否有插花，绳索是否有断股、霉变或严重磨损。

踏板窄面上不应有节子，宽面上节子直径不应大于 6mm，干燥细裂纹长不应大于 150mm，深不应大于 10mm。踏板无严重磨损，有防滑花纹；绳扣接头每绳股连续插花应不少于 4 道，绳扣与踏板间应套接紧密。

（14）梯子的检查

1 型号或名称及额定载荷、梯子长度、最高站立平面高度、制造者或销售者名称（或标识）、制造年月、执行标准及基本危险警示标志（复合材料梯的电压等级）应清晰明显。

2 踏棍（板）与梯梁连接牢固，整梯无松散，各部件无变形，梯脚防滑良好，梯子竖立后平稳，无目测可见的侧向倾斜。

3 升降梯升降灵活，锁紧装置可靠。铝合金折梯铰链牢固，开闭灵活，无松动。

4 折梯限制开度装置完整牢固。伸式梯子操作用绳无断股、打结等现象，升降灵活，锁位准确可靠。

5 竹木梯无虫蛀、腐蚀等现象。木梯梯梁的窄面不应有节子，宽面上允许有实心的或不透的、直径小于13mm的节子，节子外缘距梯梁边缘应大于13mm，两相邻节子外缘距离不应小于0.9m。踏板窄面上不应有节子，踏板宽面上节子的直径不应大于6mm，踏棍上不应有直径大于3mm的节子。干燥细裂纹长不应大于150mm，深不应大于10mm梯梁和踏棍（板）连接的受剪切面及其附近不应有裂缝，其他部位的裂缝长不应大于50mm。

2. 工机具检查

（1）电动工机具的检查

整体检查	电源线检查
对电动工具检查电缆线、插头、开关、机械防护装置及外壳、手柄等应无破损。	电源线应使用多股铜芯橡皮护套电缆或护套软线、线芯应绝缘良好无外露，单相设备使用三芯电缆，三相设备使用五芯电缆。

（2）普通工机具的检查

工机具	链条葫芦
对施工机械设备检查转动部分应有防护罩或牢固的遮栏。	对链条葫芦检查链轮、倒卡应无变形，吊钩闭锁装置应完好，刹车片不沾染油脂。

自制工器具	卸扣
对自制施工工器具检查应经检测试验合格。	对卸扣检查不能用金具U型环代替卸扣、不能用普通材料的螺栓取代卸扣销轴。

3. 仪器仪表检查

对仪器仪表检查检测、校验应未超期。对万用表、钳形电流表、绝缘电阻表、接地电阻表的具体检查内容如下：

（1）万用表的检查

测量前，先检查红、黑表笔连接的位置是否正确。红色表笔接到红色接线柱或标有"+"的插孔内，不能反接，否则在测量直流电电量时会因正负极的反接损坏表头的部件。

在表笔连接被测电路前，一定要查看所选档位与测量对象是否相同，否则，误用档位和量程不仅得不到测量结果而且还会损伤万用表，甚至伤及人身。

（2）钳形电流表的检查

1. 在使用钳形电流表前应仔细阅读说明书，确认仪表是交流还是交直流两用钳形表。

2. 钳形表每次只能测量一相导线的电流，被测导线置于钳形窗口中央，不可以将多相导线都夹入窗口测量。

3. 被测电路电压不能超过钳形表上所标明的数值，否则容易造成接地事故，或者引起触电危险。

4. 使用高压钳形表时应注意钳形电流表的电压等级，严禁用低压钳形表测量高电压回路的电流。用高压钳形表测量时，应由两人操作，非值班人员测量还应填写第二种工作票，测量时应戴绝缘手套，站在绝缘垫上，不得触及其他设备，以防止短路或接地。

（3）绝缘电阻表的检查

1. 测量前应切断被测设备的电源，对于电容量较大的设备应该进行接地放电，消除设备的残存电荷，防止发生人身和设备事故，保证测量精度。

2. 测量前应该将绝缘电阻表进行一次开路和短路试验，若开路时指针不指向"∞"处，短路时指针不指向"0"处，说明表不准，需要调换，检修后再进行测量。若使用的是半导体型绝缘电阻表，不宜用短路的方法进行校验。

3 从绝缘电阻表到被测设备的引线，应使用绝缘较好的单芯导线，不得使用双股线，两根连线不得绞在一起。

4 同杆架设的双回路架空线和双母线，当一路带点时，不得测试另一路的绝缘电阻，以免感应高压电，危害人身安全和损坏仪表；对平行线路也要注意感应高压电，若必须在这种情况下进行测量，应采取必要的安全措施。

（4）接地电阻表的检查

1 测量前应将接地装置与被保护的电气设备断开，不准带电测试接地电阻。

2 测量前仪表应水平放置，然后调零。

3 将仪表上2个E端钮导线分别连接到被测接地体上，以消除测量时连接导线电阻对测量结果引入的附加误差。

4 仪表端所有接线应正确无误。

5 将"倍率开关"置于最大倍率，逐渐加快摇柄转速，使其达到120r/min。

6 如发现仪表检流计指针有抖动现象，可变化摇柄转速，以消除抖动现象。

（三）工作票检查

检查工作票需明确工作票的填写要求和办理工作票时的主要风险。

1. 两票填写要求

（1）操作票的填写

操作票的填写要求如下：

1 操作票应由操作人根据值班调控人员或运维负责人发布的指令（预令）填写。

2 操作顺序应根据操作任务、现场运行方式、参照典型操作票内容进行填写。

3 使用操作术语、动作类规范术语、检查类规范术语、设备类规范术语规范填写。

4 符合填写基本规则，如"操作项目"填写，操作票的一个项目是一个操作项，必须包含一个动词及对象；"操作任务"填写，每张操作票只能填写一个操作任务。

（2）工作票的填写

工作票的填写要求如下：

1 作业单位应根据现场勘察、风险评估结果，由工作负责人或工作票签发人填写工作票。

2 工作票所列工作地点超过两个，或者有两个及以上不同的工作单位（班组）在一起工作时，可采用总工作票和分工作票。包含高压试验工作的多班组工作，高压试验宜使用分工作票。

2. 工作票办理的主要风险

检查工作票需识别工作票办理的主要风险：

➤ 工作地点与工作内容不一致。

➤ 工作票填写与现场实际不一致。

➤ 工作票中的设备双重名称与工作地点及工作内、现场实际不一致。

➤ 分工作票未执行双签发。

➤ 安全措施栏"与带电设备安全距离"交代不完善。

➤ 安全措施栏未交代进入电缆沟工作安全注意事项。

➤ 工作票中工作地点（填写错误）与实际工作地点不符。

➤ 工作票未交代清楚工作的危险点和防范措施。

➤ 工作票中所列工作内容与现场不符。

➤ 在运行屏工作安全措施交代不清楚。

➤ 工作票安全措施栏未交代吊车的安全距离。

➤ 工作票填写不规范。

➤ 分工作票工作任务栏与安全措施栏内容不对应。

➤ 车辆外廓与带电设备的安全距离、起重设备吊臂应与带电设备的安全距离填写错误。

➤ 总、分工作票中施工单位签发人不一致。

（四）安全措施布置与检查

作业现场安全措施布置与检查具体包括对工作责任人的要求、加装接地线的要求。

1. 责任人要求

1	变电专业安全措施应由工作许可人负责布置，采取电话许可方式的变电站第二种工作票安全措施可由工作人员自行布置，工作结束后应汇报工作许可人。
2	输、配电专业工作许可人所做安全措施由其负责布置，工作班所做安全措施由工作负责人负责布置。
3	安全措施布置完成前，禁止作业。
4	工作许可人应审查工作票所列安全措施正确完备性，检查工作现场布置的安全措施是否完善（必要时予以补充）和检修设备有无突然来电的危险。
5	对工作票所列内容即使发生很小疑问，也应向工作票签发人询问清楚，必要时应要求作详细补充。
6	10kV及以上双电源用户或者有大型发电机用户配合布置和解除安全措施时，作业人员应现场检查确认。
7	现场履行工作许可前，工作许可人会同工作负责人检查现场安全措施布置情况，指明实际的隔离措施、带电设备的位置和注意事项，证明检修设备确无电压，并在工作票上分别签字。

2. 加装接地线要求

现场为防止感应电或完善安全措施需加装接地线时，应明确装、拆人员，每次装、拆后应立即向工作负责人或小组负责人汇报，并在工作票中注明接地线的编号，装、拆的时间和位置。

二、现场交底

工作负责人在确认工作票及现场安全措施无误后，应对所有作业人员进行详细的安全交底，包括工作任务、安全措施、相邻带电部位、危险点、注意事项等。被交代人员应准确理解所交代的内容，并签名确认。

（一）安全交底内容

安全交底内容要齐全，明确分工和责任。其中包括人员安全交底、具体作业专项交底两大块内容。

1. 人员安全交底

人员安全交底必须遵守的要求：

➤ 工作许可手续完成后，工作负责人必须组织全体作业人员整理着装，统一进入作业现场，进行安全交底，列队宣读工作票，交代工作内容、人员分工、带电部位、安全措施和技术措施，进行危险点及安全防范措施告知，抽取作业人员提问无误后，需全体作业人员确认签字。

➤ 执行总、分工作票或小组工作任务单的作业，由总工作票负责人（工作负责人）和分工作票（小组）负责人分别进行安全交底。

➤ 现场安全交底宜采用录音或影响方式，作业后由作业班组留存一年。

➤ 严禁擅自改变安全措施，如擅自拆除接地线、拆除安全围栏、钻、跨越安全围网、安全警示带。

➤ 所有工作人员（包括工作负责人）不许单独进入、滞留在高压室、阀厅内和室外高压设备区内。

2. 具体作业专项交底

现场安全交底的内容除了人员安全交底，还需进行具体作业专项交底，以起重作业为例，其专项交底应遵循两点要求：

➤ 对起重作业任务、行进路线、摆放位置、作业边界、带电部位、安全距离控制措施、车辆停靠位置等内容进行安全交底，确保司机清楚明白吊装方案；

➤ 工作负责人对专责监护、起重指挥、司机及其他相关人员开展现场专项交底，明确安全措施、危险点和注意事项。

（二）安全交底拷问要求

安全交底后续确认所交代的内容被准确透彻理解，需进行安全交底拷问以确保：

工作负责人	专责监护人	到位人员	督查人员
工作负责人应在安全交底确认后重点对高风险作业人员进行拷问，不清楚的立即讲解清楚。	专责监护人应在安全交底确认后重点对高风险作业人员进行拷问，不清楚的立即讲解清楚。	到岗到位人员重点对高风险作业人员进行拷问，不清楚工作任务、危险点人员责令停工。	安全督查人员重点对高风险作业人员进行拷问，不清楚工作任务、危险点为Ⅰ类严重违章。

三、作业过程管控

作业过程的管控需明确现场作业具体要求，工作负责人、专责监护人应始终在工作现场，佩戴明显标识，对工作班人员的安全认真监护，及时纠正不安全的行为，做好现场督查，严格贯彻落实到岗到位标准，以保证现场作业全过程管控。

（一）现场作业

作业现场需严格落实作业人员安全要求、安全工器具和施工机具安全要求。工作负责人需携带工作票、现场勘察记录以及"三措"等资料到作业现场。现场作业中，工作负责人需根据不同作业分析主要风险点并设置预防措施，确保作业过程严格安全管控。

1. 现场作业人员安全要求

✓ 作业人员应正确佩戴安全膜，统一穿全棉长袖工作服、绝缘鞋。

✓ 特种作业人员及特种设备操作人员应持证上岗。开工前，工作负责人对特种作业人员及特种设备操作人员交代安全注意事项，制定专人监护。特种作业人员及特种设备操作人员不得单独作业。

✓ 外来工作人员须经过安全知识和《电力安全工作规程》培训考试合格，佩戴有效证件，配置必要的劳动防护用品和安全工器具后，方可进场作业。

2. 安全工器具和施工机具安全要求

✓ 作业人员应正确使用施工机具、安全工机具，严禁使用损坏、变形、有故障或未经检验合格的施工机具、安全工器具。

✓ 特种车辆及特种设备应经具有专业资质的检测检验机构检测、检验合格，取得安全使用证或者安全标志后，方可投入使用。

3. 作业现场资料要求

工作负责人需携带工作票、现场勘察记录、"三措"等资料到作业现场。

4. 常见作业主要风险分析及预防措施

根据各类作业现场精准分析其主要风险点，设置有针对性的预防措施，能有效保证作业人员的安全，杜绝作业现场事故的发生。

（1）高处作业主要风险分析及预防措施

● 主要风险分析

● 预防措施

防人员坠落措施

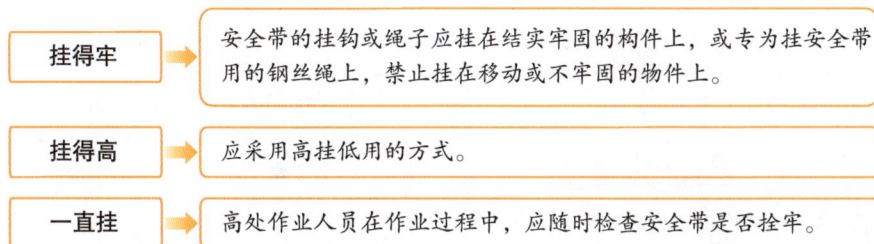

挂得牢	→	安全带的挂钩或绳子应挂在结实牢固的构件上，或专为挂安全带用的钢丝绳上，禁止挂在移动或不牢固的物件上。
挂得高	→	应采用高挂低用的方式。
一直挂	→	高处作业人员在作业过程中，应随时检查安全带是否拴牢。

防坠物伤人措施

| 袋子装 | ➡ | 高处作业应一律使用工具袋。 |

| 绳索传 | ➡ | 禁止将工具及材料上下投掷，应用绳索拴牢传递，以免打伤下方作业人员。 |

| 围栏围 | ➡ | 高处作业区周围的孔洞、沟道等应设盖板、安全网或围栏并有固定其位置的措施。同时，应设置安全标志，夜间还应设红灯示警。 |

（2）有限空间作业主要风险分析及预防措施

● 主要风险分析

| 中毒 | 火灾 | 缺氧窒息 | 溺水 | 气体爆炸 |

● 预防措施

防窒息措施

通风

➢ 有限空间作业应执行"先通风、再检测、后作业"要求。进入有限空间作业，必须先采取通风措施，保持空气流通，自然通风时间应不少于30min。

➢ 处于低洼或密闭环境的有限空间，紧靠自然通风难以置换有毒有害气体，必须进行强制通风；

➢ 作业中断超过30min，有限空间内必须重新通风，经检测合格后，方可允许作业人员进入。

检测

➢ 作业前，工作负责人和专责监护人共同负责氧气含量检测，检测时间不宜早于作业前30min；

➢ 氧气含量应在19.5% ~ 23.5%，气体检测记录至少包括检测时间、检测地点、仪器型号、气体种类、气体浓度等。

监护

➢ 应正确设置监护人。

防护

➢ 有配置并正确使用安全防护装备。

警示

➢ 保持有限空间出入口畅通，并设置遮栏（围栏）和明显的安全警示标志及警示说明，夜间应设警示灯。

应急措施

预案
> 工作负责人、专责监护人均应熟悉应急救援处置方案内容和救护设施使用方法。

装备
> 配置并正确使用应急救援装备。

小贴士

注意：

有限空间作业未执行"先通风、再检测、后作业"要求；未正确设置监护人；未配置或不正确使用安全防护装备、应急救援装备，属Ⅰ类严重违章。

（3）易触电作业主要风险分析及预防措施

● 主要风险分析

无接地保护开展作业	防护措施不当	安全意识不足

● 预防措施

合理接地线

对于平行或并架的输电线路，当一回线停电检修另一回线仍在运行，应按检修范围大小采取不同的接地措施。

高空作业最好使用双保险安全带

即使没有感应电，使用双保险安全带也比普通安全带可靠。安全带及保护绳必须系在牢靠的构件上。

穿好防护服

为避免登杆塔过程中发生麻电现象造成危险，工作人员要穿绝缘鞋和带线手套，并穿好工作服，保证身体的裸露部分不接触金属导体。

重视感应电的危害性

加强对职工的安全教育，增强安全意识，严格执行制订的防范措施。

（4）吊车、高空作业车作业主要风险分析及预防措施

● 主要风险分析

起重指挥风险	临电作业触电风险
起重机、高空作业车倾覆	高空坠落、碰撞风险

● 预防措施

防起重指挥风险措施

专人指挥

➤ 检查起重作业已设专人指挥，指挥人员必须穿红马夹，开工之前指挥人员与吊车司机要进行充分沟通，明确吊装任务。

统一指挥

➤ 起重时只能由一人统一指挥，遇大雾、照明不足、指挥人员看不清等情况不准进行起重工作。

临电作业防触电措施

专人监护

➤ 起重作业应有专人指挥，作业期间监护人员应时时监测吊车臂架、吊具、辅具、钢丝绳及吊物与带电体距离，同时应注意限位线、配重限高线等位置，确保足够安全距离，距离不足时应立即制止操作，同时做好紧急制动准备。

车辆接地

➤ 吊车停放至指定位置后应立即接地，接地应可靠，接地线应用多股软铜线截面满足接地短路容量要求并且不小于 $16mm^2$。

进场转场

➤ 吊车、高空作业车进、转场、离场时均应有专人引导，并按指定路线停靠在指定地点。

➤ 因转场需要临时移动安全围栏的，必须提前告知工作负责人，并征得运维人员同意后方可移动，且移动后立即恢复；

➤ 严禁任何人员私自移动车辆，误入带电间隔。

防起重机、高空作业车倾覆措施

起重负荷

➤ 吊车、吊索具等工作负荷，不准超过铭牌规定。

停放位置

➤ 停放工作位置应经有经验人员及司机共同确认，移位时，应有专人监护；
➤ 停放位置应能确保支撑腿完全撑开；
➤ 支撑腿与沟、坑边缘距离不小于沟、坑深度的 1.2 倍，否则应采取防倾、防坍塌措施。

车辆支撑

➤ 吊车、高空作业车支腿应全部伸出，司机调整支腿时，逐一检查四个支腿已全部打开并支撑于枕木上；
➤ 枕木应放置于平坦地面，应检查车身水平器气泡在中心位置，确保整车倾斜角度不超过制造厂规定值；
➤ 吊车在极限位置时，工作负责人应重新检查四个支腿受力情况，检查无异常方可继续作业。

小贴士

注意：
汽车式起重机作业前未支好全部支腿、支腿未按规程要求加垫木，属Ⅲ类严重违章。

防高空坠落、碰撞措施

辅助设备

➤ 起重前应检查吊带、卸扣、钢丝绳、防脱钩保险装置等吊装辅助设备合格。

防下方站人

➤ 起吊或牵引过程中，受力钢丝绳周围、上下方、内角侧和起吊物下面，严禁有人逗留或通过。

防臂架碰撞

➤ 吊车司机在操作吊车时，应注意操作速度及周围环境，注意指挥人员指令；
➤ 指挥不明时严禁操作，臂架、吊钩、吊物等靠近设备时应降低操作速度，避免碰撞。

吊物绑扎

➤ 起重物品应绑扎牢固，吊钩要挂在物品的重心线上；
➤ 起吊前，应由工作负责人检查悬吊情况及所吊物件捆绑情况，钢丝绳与铁物绑扎处应衬垫软物或采取防滑措施，检查可靠后方可试行起吊；
➤ 起吊重物稍一离地（支撑物），应再次检查悬吊及捆绑情况，确认可靠后方可继续起吊。

警示围网

➤ 作业半径区域应设置警示围网。

（5）高压试验作业主要风险分析及预防措施

● 主要风险分析

高压试验作业主要风险

试验任务不清楚	安全用具不合适
试验仪器未接地	监护不到位
人员未站到绝缘垫或未穿绝缘鞋	试验人员未离开被测设备
试验过程中人员碰触被测设备	人身触电
人身感应电	非试验人员误闯试验场所

● 预防措施

防触电措施

放电	高压试验变更接线或试验结束时应将升压设备的高压部分放电、短路接地。
呼唱	高压试验加压过程中应进行监护和呼唱。
遮挡	设备试验时，应按规定装设遮栏、标示牌或未将带电设备有效隔离。
绝缘垫	高压试验人员在全部加压过程中应站在绝缘垫上。
专用线	电气试验应采用专用的高压试验线。

（二）现场督查

现场督查需遵循督查五大原则，根据督查要求、督查范围及重点以开展落实。

1. 现场督查原则

坚持全面覆盖	常态开展"四不两直"现场安全督查，覆盖各级单位、各类专业。
坚持分级督查	各级安全督查队伍按照作业风险分级管控要求，分层分级开展现场监督检查。
坚持重点管控	针对重大风险、重点工程、关键时段的现场作业开展重点或专项安全督查。
坚持专业协同	发挥专业反违章主体作用，统筹组建安全监督队伍，协同开展现场违章督查工作。
坚持闭环督治	及时查纠现场作业中的苗头性、倾向性问题，闭环督促违章整改。

2. 现场督查要求

现场安全督查需严格执行"四不两直"要求，督查人员应通过"自行租用或自带车辆、自行安排食宿、提前查寻作业点"的方式，对工作现场开展安全督查工作，不得向被督查单位泄露检查时间和地点，确保督查工作实效。督查人员还需严格遵守如下要求：

落实督查责任

督查人员坚持公平、公正原则，严格执行现场安全督查标准，确保全过程规范督查。如因督查人员检查深度不足、问题反馈不全面、现场安全状况判断不准确等放任现场安全管理失控，或引发安全事故的，督查人员须承担相应责任。

确保督查安全

督查人员应注意交通安全，不得违规责令司机超载、超速、疲劳驾驶；遇雨雪、冰雹、强风、浓雾等恶劣天气，应避免进入有潜在危险的施工场地；不得越权指挥现场施工人员作业；尽量做到不影响现场正常生产活动；在高空作业及交叉作业等区域，须注意防范高空坠物、设备倾覆等危险。

严守督查纪律

督查人员须恪守员工职业道德，严格执行"八项规定"和廉洁自律规定，严禁接受被督查单位的宴请、礼金、礼品，严禁参加被督查单位安排的与工作无关的活动。

3. 现场督查的范围及重点

依据《国家电网有限公司现场安全督查工作规范（试行）》文件的相关规定，明确了现场督查的范围及重点。

（1）现场督查的范围

各级安全督查队应按照作业风险分级管控要求，分层分级开展作业现场安全督查。

省公司级单位（含公司生产性直属单位）安全督查队

重点督查全省（本单位）区域范围内的2级作业风险现场；抽查所辖各市县公司的其他作业现场。

市公司级单位（含建设、检修等生产性直属单位）安全督查队

重点督查全市（本单位）区域范围内的3级作业风险现场；抽查所辖各县公司的其他作业现场。

县公司级单位安全督查队

重点督查全县（本单位）区域范围内的4级作业风险现场；抽查所辖各班组的其他作业现场。

（2）现场督查的重点

1. 检查作业内容是否与作业计划一致，是否存在无计划作业或者超范围作业情况。

2. 检查现场勘察记录、"三措"、工作票等作业资料是否齐备、正确，保障安全的组织、技术措施是否规范执行。

3. 检查作业单位、人员安全准入情况，是否与工作票所列人员相符。

4. 检查作业现场安全工器具、特种设备等机具装备进场报审等情况，是否按周期试验并正确使用。

5. 检查"三种人"、到岗到位人员安全履责情况。

6 检查作业现场安全风险管控情况，是否存在风险辨识和管控不到位的情况。

7 检查现场作业人员安全文明施工、安全要求执行落实情况。

小贴士

● 各单位应根据日常生产施工业务特点，在通用督查重点的基础上，细化制定本单位现场督查要点。

（三）到岗到位

各级单位应建立健全作业现场到岗到位制度，按照"管业务必须管安全"的原则，明确到岗到位人员责任和工作要求。

1. 到岗到位标准

不同作业现场到岗到位标准为：

（1）变电现场作业到岗到位执行标准

Ⅰ级检修 省公司分管领导或设备部负责人，超高压公司分管领导、设备管理部门负责人应到岗到位。

Ⅱ级检修 省公司设备部变电处负责人或管理人员，地市级单位分管领导或设备管理部门负责人应到岗到位。

Ⅲ级检修 涉及220kV及以上设备A类、B类（核心部件1）的检修：地市级单位设备管理部门负责人或管理人员，县公司级单位负责人或管理人员应到岗到位，省公司设备部管理人员必要时到岗到位。

其他Ⅲ级检修 县公司级单位负责人或管理人员应到岗到位，地市级单位设备管理部门管理人员必要时到岗到位。

Ⅳ级检修	县公司级单位负责人、管理人员必要时到岗到位。
Ⅴ级检修	县公司级单位管理人员必要时到岗到位。

（2）直流现场作业到岗到位执行标准

Ⅰ、Ⅱ级检修	省公司分管领导或设备部负责人，超高压公司（直流公司）分管领导、设备管理部门负责人应到岗到位。
Ⅲ级检修	超高压公司（直流公司）分管领导或设备管理部门负责人、换流站负责人或管理人员应到岗到位，省公司设备部管理人员必要时到岗到位。
Ⅳ级检修	换流站组织开展到岗到位，超高压公司（直流公司）设备管理部门管理人员应到岗到位。
Ⅴ级检修	换流站管理人员必要时到岗到位。

（3）输电现场作业到岗到位执行标准

500kV及以上线路Ⅰ级作业风险检修

市公司分管领导或专业管理部门负责人应到岗到位，省公司设备部相关人员应到岗到位或组织专家组开展现场督察，国家电网公司设备部相关人员必要时应到岗到位或组织专家组开展现场督察。

220kV及以下线路Ⅰ级作业风险检修

市公司分管领导或专业管理负责人应到岗到位，省公司设备部相关人员必要时应到岗到位或组织专家组开展现场督察。

Ⅱ级作业风险检修

设备运维单位负责人或管理人员应到岗到位，地市级公司专业管理部门管理人员应到岗到位。

Ⅲ～Ⅳ级作业风险检修

设备运维单位组织开展到岗到位。

其他

发生倒塔断线等突发情况紧急抢修恢复时，到岗到位应提级管控。

（4）配电现场作业到岗到位执行标准

Ⅱ级检修　省公司专业管理部门管理人员、地市公司分管领导或地市公司运维管理部门负责人、县级公司分管领导应到岗到位。因特殊情况无法到岗到位的，应指派专人替代，并通过视频、图片等形式及时掌握作业现场状况。

Ⅲ级检修　县级公司分管领导，县级公司运维管理部门负责人或管理人员应到岗到位。地市公司相关部门领导及专业管理部门管理人员视实际情况进行到岗到位，因特殊情况无法到岗到位的，应向上级管理部门履行请假手续。

Ⅳ级检修　县级公司组织安全生产管理人员，班级、供电所负责人以及设备主人等应按到岗到位计划开展到岗到位，县级公司分管领导视实际情况进行到岗到位。

Ⅴ级检修　班级、供电所设备主人必要时应到岗到位，安全生产管理人员应按到岗到位计划开展到岗到位。班级、供电所负责人视实际情况进行到岗到位。

其他　县级检修单位同一时间段内超过5项及以上Ⅳ、Ⅴ级检修作业现场的，分管领导或专业管理部门管理人员认为有必要时应对各现场进行巡查。

对于各级检修作业，应确保《检修作业关键工序风险库》中涉及的高风险工序期间有管理人员现场到岗到位。

（5）变电倒闸操作现场作业到岗到位执行标准

Ⅰ级风险倒闸操作	超高压（地市）公司分管领导或运检部负责人应到岗到位；省公司专业管理部门应按照有关规定到岗到位。
Ⅱ级风险倒闸操作	超高压（地市）公司运检部、县公司级单位负责人或管理人员、县公司级单位负责人应到岗到位。
Ⅲ级风险倒闸操作	县公司级单位负责人或管理人员应到岗到位。
Ⅳ级风险倒闸操作	县公司级单位管理人员或班组管理人员应到岗到位。
Ⅴ级风险倒闸操作	母线、主变操作，班组管理人员应到岗到位，其他设备操作由班组根据实际情况评估，必要时安排管理人员到岗到位。

（6）直流倒闸操作现场作业到岗到位执行标准

Ⅰ级风险倒闸操作	超高压（直流）公司分管领导或运检部负责人应到岗到位；省公司专业管理部门应按照有关规定到岗到位。
Ⅱ级风险倒闸操作	超高压（直流）公司运检部、换流站负责人或管理人员应到岗到位。
Ⅲ级风险倒闸操作	换流站负责人或管理人员应到岗到位。
Ⅳ级风险倒闸操作	换流站负责人或管理人员应到岗到位。
Ⅴ级风险倒闸操作	班组管理人员应到岗到位。

2. 到岗到位重点检查内容

执行到岗到位期间，应重点检查以下内容：

作业风险分级表、检修工序风险库应用。	"三措一案"交底、安全措施布置、标准作业执行。	外包人员管理。
危险点分析及预控措施落实等情况。	协同解决作业现场存在的困难和偏差。	对发现的问题和违章行为及时做好记录并督促整改。

四、作业终结

全部工作完毕后，工作班应清扫、整理现场。工作负责人应先周密地检查，待全体工作人员撤离工作地点后，再向运行人员交代所修项目、发现的问题、试验结果和存在问题等，并与运行人员共同检查设备状况、状态，有无遗留物件，是否清洁等，然后在工作票上填明工作结束时间。经双方签名后，表示工作终结。

第四节　现场管理评价

2021 年国网安委办印发的《"四个管住"工作评价实施方案》中明确了对"管住现场"的重点内容的"三大评价管理指标"，主要包括作业管控、到岗到位和现场督查三个重点内容。

一、作业管控

作业管控的评价项目有四个，即：作业组织、安全交底、措施执行以及作业终结。其中，四个评价项目的标准分均为 10 分。具体的评价标准为：

安全交底　评价标准

1. 通过现场监察、视频督查、调阅平台作业准备资料，核查人员准入、安全工器具等信息，发现问题，视严重程度扣分。
2. 现场视频终端开机率 = 现场实际开机视频终端数 / 应开展视频督查作业计划数 ×100%，100%＞开机率≥95%，扣 2 分；95% 开工率≥85%，扣 5 分；85%＞开机率，此项不得分。
3. 视频终端与作业计划关联率 = 已关联视频终端作业计划数 / 应开展视频督查作业计划数×100%，100%＞关联率≥95%，扣2分；95%＞关联率≥85%，扣 5 分；85%＞关联率，此项不得分。
4. 作业计划开工率 = 利用平台或移动 APP 报送现场已开工作业计划数 / 今日实际作业总数 (延期不计)×100%，100%＞开工率≥95%，扣 2 分；95%＞开工率≥85%，扣 5 分；85%＞开工率，此项不得分。

作业开始前，工作负责人应提前做好准备工作。
1. 核实作业人员是否具备安全准入资格、特种作业人员是否持证上岗、特种设备是否检测合格。
2. 核实作业必须的工器具和个人安全防护用品，确保合格有效。
3. 按要求装设视频监控终端等设备，并通过移动作业 APP 与作业计划关联。
4. 工作许可人、工作负责人共同做好现场安全措施的布置、检查及确认等工作，必要时进行补充完善，并做好相关记录。安全措施布置完成前，禁止作业。

安全交底　评价标准

安全交底信息上报率=利用平台或移动 APP 应上传安全交底信息作业计划数/作业计划总数×100%，100%＞上报率≥95%，扣2分；95%＞上报率≥85%，扣5分；85%＞上报率，此项不得分。

工作负责人办理工作许可手续后，组织全体作业人员开展安全交底，并应用移动作业 APP 留存工作许可、安全交底录音或影像等资料。

措施执行　评价标准

1. 通过现场监察、视频督查、调阅平台作业过程资料，核查许可、交底、危险点控制等信息，发现问题，视严重程度扣分；
2. 现场关键环节信息上报率 = 利用平台或移动 APP 应上传信息作业计划数 / 作业计划总数 ×100%，100%＞上报率≥95%，扣 2 分；95%＞上报率≥85%，扣 5 分；85%＞上报率，此项不得分。

现场作业过程中，工作负责人、专责监护人应始终在作业现场，严格执行工作监护和间断、转移等制度，做好现场工作的有序组织和安全监护。工作负责人重点抓好作业过程中危险点管控，应用移动作业 APP 检查和记录现场安全措施落实情况。

作业终结　评价标准

作业计划终结率=利用平台或移动APP报送现场已终结作业计划数/当日实际作业总数×100%，100%＞终结率≥95%，扣2分；95%＞终结率≥85%，扣5分；85%＞终结率，此项不得分。

→ 现场工作结束后，工作负责人应配合设备运维管理单位做好验收工作，核实工器具、视频监控设备回收情况，清点作业人员，应用移动作业APP做好工作终结记录。

二、到岗到位

到岗到位的评价项目有一个，即到岗到位执行，该评价项目标准分为10分。具体的评价标准为：

到岗到位执行　评价标准

1. 抽查平台作业计划和到岗到位签到情况，到岗到位率＝实际到岗到位现场数/所辖作业风险应到岗到位现场数×100%。
2. 省市级公司到岗到位率=100%，此项得10分；100%＞覆盖率≥95%，扣2分；95%＞覆盖率≥90%，扣5分；90%＞覆盖率，此项不得分。
3. 县级公司到岗到位率=100%，此项得10分；100%＞覆盖率≥95%，扣2分；95%＞覆盖率≥85%，扣5分；85%＞覆盖率，此项不得分。

→ 各级单位应建立健全生产作业到岗到位管理制度，明确到岗到位标准和工作内容，实行分层分级管理。
1. 三级及以上风险作业，相关省地市级单位或建设管理单位专业管理部门、县公司级单位负责人或管理人员应到岗到位。
2. 二级风险作业，相关地市级单位或建设管理单位分管领导或专业管理部门负责人应到岗到位；省公司级单位专业管理部门应按有关规定到岗到位。
3. 输变电工程到岗到位要求按照《国家电网有限公司输变电工程建设安全管理规定》执行。

三、现场督查

现场督查的评价项目有五个，即视频督查情况、违章查处、单位覆盖、专业覆盖以及分级覆盖。其中，视频督查情况与分级覆盖的标准分均为15分，违章查处的标准分位 10 分，而单位覆盖与专业覆盖的标准分均为 5分。具体的评价标准为：

现场督查情况　评价标准

1. 视频督查发现违章，每发现1处视情况扣2～5分；
2. 视频督查发现存在蓄意遮挡镜头、视频终端摆放不合理无法监看现场等情况，每发现1处视情况扣2～5分。

总部、各级单位利用平台开展远程视频督查，并对各作业现场安全措施布置、作业实施、两票执行、到岗到位等关键环节进行监控。

违章查处　评价标准

未使用移动应用APP等工具对现场发现的问题进行抓拍，做好违章记录，第一时间推送至平台曝光的，视情况扣2～5分。

督查人员发现违章行为，应立即制止、纠正，使用督查APP 等工具对现场发现的问题进行抓拍，做好违章记录，第一时间推送至平台曝光。

单位覆盖　评价标准

抽查平台作业计划和督查签到情况，督查单位覆盖率=被督查二级单位数/二级单位总数×100%，督查单位覆盖率=100%，此项不扣分；100%＞覆盖率≥85%，扣5分；覆盖率＜85%，此项不得分。

各级单位依托各级安全管控中心、安全督查队等对各类作业现场开展"四不两直"现场和远程视频安全督查。

专业覆盖　评价标准

抽查平台作业计划和督查签到情况，督查专业覆盖率＝被督查专业分类数 / 作业计划专业分类总数 ×100%，督查专业覆盖率=100%，此项不扣分；100%＞覆盖率≥85%，扣 5分；覆盖率＜85%，此项不得分。

现场安全督查应覆盖各类专业。

分级覆盖　评价标准

1. 抽查平台作业计划和督查签到情况，分级督查覆盖率＝实际督查现场数／所辖作业风险应督查现场数×100%。
2. 省市级公司如督查覆盖率＝100%，此项不扣分；100%＞覆盖率≥95%，扣2分；95%＞覆盖率≥90%，扣5分；覆盖率＜90%，此项不得分。
3. 县级公司如督查覆盖率＝100%，此项不扣分；100%＞覆盖率≥95%，扣2分；95%＞覆盖率≥85%，扣5分；覆盖率＜85%，此项不得分。

1. 省公司级单位应对所辖范围内的二级风险作业现场开展全覆盖督查。
2. 地市公司级单位应对所辖范围内的三级及以上风险作业现场开展全覆盖督查。
3. 县公司级单位对所辖范围内的作业现场开展全覆盖督查。

第五节　典型案例分析

案例一

（一）案例经过

2015年3月18日16时00分，某公司运维站值班人员洪某某许可工作负责人曹某某150318004号变电第一种工作票开工（工作任务为：在备用345开关柜拆除上触头盒；在35kV 341开关柜、347开关柜、35kV #1压变柜更换上触头盒），许可人向工作负责人交代了带电部位和注意事项，说明了临近343线路带电。许可工作时，35kV 341开关及线路、347开关及线路、35kV Ⅰ母压变为检修状态；35kV 343开关为冷备用状态，但手车已被拉出开关仓，且触头挡板被打开，柜门掩合（上午故障检查时未恢复）。16时10分工作负责人曹某某安排章某某、赵某、庹某负责35kV备用345开关柜上触头盒拆除和35kV 341开关柜A、B相上触头盒更换及清洗；安排胡某某、齐某某负责35kV 347及Ⅰ母压变C相上触头盒更换及清洗，进行了安全交底后开始工作。17时55分左右，工作班成员赵某（伤者）在无人知晓的情况下误入邻近的343开关柜内（柜内下触头带电）。

1分钟后，现场人员听到响声并发现其触电倒在343开关柜前，右手右脚电弧灼伤事故。

（二）案例分析

（1）	工作人员自我防护意识不强，没有认真核对设备名称、编号就打开柜门进行工作，导致误入带电间隔。
（2）	检修人员没有得到批准擅自改变设备状态，强行打开触头盒挡板。
（3）	工作许可人在本次工作许可前未再次核对检查设备，未及时发现343开关已被拉出，误认为设备维持原有冷备用状态，安全措施不完备。
（4）	现场工作负责人没有认真履行监护职责，现场到岗到位管理人员未认真履行到位监督职责，未能掌控现场的关键危险点。

（三）经验总结

（1）	开展全员安全教育学习，将《安规》和"两票"管理作为重点，全面分析排查安全管理和施工作业中存在的薄弱环节。
（2）	组织召开专题安委会，立即将事故情况传达到生产基层一线班组，对照事故暴露出的问题，举一反三，开展有针对性的隐患排查，坚决杜绝同类事故再次发生。
（3）	进一步加大安全督查和违章惩处力度，全面强化现场作业到岗到位管控，加强违章问题深层次原因分析和整改，确保现场安全措施规范执行。

案例二

（一）案例经过

2018 年 5 月 20 日 18 时左右，某公司变电分公司线路参数测试工作负责人胡某某、工作人员于某持工作票至 220kV 变电站，在接受变电站当值人员现场安全交底和履行现场工作许可手续后，两人于 19 时 11 分进入该变电站 220kV 设备场地进行线路参数测试，20 时左右，测试工作人员于某在完成Ⅱ线零序电容测试后，未按规定使用绝缘鞋、绝缘手套、绝缘垫，且在Ⅱ线两端未接地的情况下，直接拆除测试装置端的试验引线，导致感应电触电。工作负责人胡某某在没有采取任何防护措施的情况下，盲目对触电中的于某进行身体接触施救，导致触电。21 时 53 分，2 人经抢救无效死亡事故。

（二）案例分析

（1）	安全生产责任没有真正落实。相关单位领导和管理人员安全生产意识淡薄、安全责任不实，在公司三令五申的情况下，仍未有效加强现场作业安全管控。
（2）	执行安全规程不到位。在进行测试工作中，作业人员未使用绝缘手套、绝缘靴、绝缘垫，在未将线路接地的情况下，直接拆除测试线，严重违反《安规》《交流输电线路工频电气参数测量导则》有关规定，违章作业。
（3）	现场安全组织、技术措施不完善。进行同塔架设线路测试工作，工作票中无防止停电线路上感应电伤人的有关措施，工作票填写、签发、许可等环节人员均未起到把关作用。
（4）	工作监护制度落实不到位。现场工作监护形同虚设，未及时制止工作班成员不按程序接地、变更接线的违章行为，并在工作班成员感应电触电后盲目施救，导致事故扩大。

(5)	作业组织管控不严格。工作票使用不规范，工作方案编写不完善，危险点分析不到位，执行管控流于形式，监督管理存在严重漏洞。

（三）经验总结

(1)	立即开展全员安全教育学习，全面排查安全管理中存在的薄弱环节，按照"四不放过"原则，认真组织事故调查分析，深挖安全管理深层次问题，采取有效整改措施，认真抓好整改。
(2)	各单位领导班子成员特别是主要负责人要切实履行好安全职责，加强安全生产统筹策划和组织领导，强化"红线意识"和"底线思维"，以严细实的作风和有力的举措抓好安全生产各项工作。
(3)	深入开展"六查六防"专项行动、基建安全事故反思教育活动和"安全生产月"活动，逐级狠抓落实。
(4)	加强作业方案审核把关和落实执行，认真开展作业风险评估和危险点分析预控，落实到岗到位要求，确保各类现场作业可控、能控、在控。
(5)	切实加强现场反违章工作，认真开展"两票"执行、地线管理等专项督查，重点强化《安规》和"两票三制"规范执行，严格落实生产现场作业"十不干"要求，切实防范人身事故。
(6)	严格落实检修施工作业防感应电措施，针对有可能产生感应电的情况，必须加装可靠的工作接地线或使用个人保安线，严格执行接地线移动或拆除相关规定，确保作业人员在接地线保护范围内工作。

本章小结

本章主要讲解了现场管理的原则、过程、要求以及评价标准。其中现场管理原则包括现场勘察全面性、措施执行刚性、作业管控规范性、现场督查严肃性以及到岗到位专业性五大原则。现场管理过程则对作业准备、现场交底、作业过程管控以及作业终结四大方面进行讲解；而现场管理要求则呼应上述四大方面讲解各个环节的具体要求；最后对现场管理评价项目、评价内容以及评价标准进行剖析解读。

任务测试

1. 请简述安全带检查的主要内容。

小提示

安全带的外观检查主要内容：标识清晰，各部件完整无缺失、无伤残破损。腰带、围杆带、围杆绳、安全绳无灼伤、脆裂、断股、霉变，各股松紧一致，绳子应无扭结，腰带、围杆带表面不应有明显磨损；护腰带完整，带子接触腰部分垫有柔软材料，边缘圆滑无角。缝合线完整无脱线，铆钉连接牢固不松动，铆面平整。金属配件表面光洁，无裂纹、无严重锈蚀和目测可见的变形，配件边缘应呈圆弧形。金属卡环（钩）必须有保险装置，且操作灵活。钩体和钩舌的咬口必须完整，两者不得偏斜。

2. 请简述现场作业人员安全要求具体内容。

小提示

现场作业人员安全要求。

作业人员应正确佩戴安全膜，统一穿全棉长袖工作服、绝缘鞋。

特种作业人员及特种设备操作人员应持证上岗。开工前，工作负责人对特种作业人员及特种设备操作人员交代安全注意事项，指定专人监护。特种作业人员及特种设备操作人员不得单独作业。

外来工作人员须经过安全知识和《电力安全工作规程》培训考试合格，佩戴有效证件，配置必要的劳动防护用品和安全工器具后，方可进场作业。

附　录

附录1　高处作业风险源辨识及防范

（一）变电一次专业

序号	风险点	管控措施	所涉及的工作
1	高处作业人员坠落风险	（1）高处作业必须使用全方位安全带，安全带使用前应检查外观是否良好，卡扣是否牢固； （2）工作前交代应逐级攀登，不得跳跃攀登，双手交替抓牢主材，不得同时抓同一梯；用脚掌中部踩稳； （3）工作中应加强监护，随时提醒； （4）人员在移位时，手扶牢固的构件，在构架上移动时不得失去安全防护； （5）登梯前检查角度符合要求，梯子架设稳固；人字梯限制开度拉链完全张开；升降梯控制爪卡牢；作业人员上下梯子时，应面部朝内； （6）工作前须把梯子安置稳固，禁止把梯子架设在木箱等不稳固的支持物上或容易滑动的物体上使用； （7）梯子上工作时工作前检查，全过程监护，站位不超高、总重量不超载，梯上有人时不移动梯子；在通道、门（窗）前使用梯子时防止被误碰等； （8）使用斗臂车高空作业时，车辆应经相关部门检验合格，不得超检验周期使用；斗臂车支撑地面坚实、工作前检查支撑稳固等； （9）斗臂车工作时检查，全过程监护发动机不熄火；绝缘斗中作业人员系安全带； （10）上变压器顶盖后工作前检查变压器顶盖、鞋底无油污；安全带的挂点应选择正确，站位、移位均不得失去保护； （11）主变套管上的工作，应使用专用登高工具或使用高空作业车；工作人员严禁攀爬瓷柱或将梯子靠在瓷柱上； （12）安全带应正确使用；安全带禁止系挂在不牢固的物件上（如避雷器、断路器（开关）、隔离开关（刀闸）、电流互感器、电压互感器等支持件上）	（1）攀登设备构架及构架上的工作； （2）使用梯子攀登或在梯子上工作； （3）斗臂车（或升降平台）上工作； （4）变压器顶盖上工作； （5）独立瓷柱式设备上工作

序号	风险点	管控措施	所涉及的工作
2	近电作业触电风险	（1）防止误入带电间隔。开工前，工作负责人应核对设备双重名称、编号与工作票所列检修内容相同，方可带领工作班成员进入现场；工作过程中，工作班成员因故离开现场返回时，应重新核对一次设备双重名称、编号；发现设备双重名称、编号有缺陷应及时上报有关部门； （2）在变电站内搬运较大较长物件时要走指定路线，并对工作人员告知带电部位和防范措施，加强搬运过程中的监护； （3）现场使用吊车、斗臂车前工作负责人应对吊车、斗臂车司机及起重人员进行现场安全交底和安全教育，应告知其带电部位、危险点及安全注意事项，经确认后应在工作票上签名； （4）现场使用吊车、斗臂车应设专人指挥、专人监护；带电设备区域内使用吊车、斗臂车时，车身应使用不小于16mm²的软铜线可靠接地； （5）低压回路工作中防止误碰其他带电设备，检修电源箱接取、拆卸电源时，与带电部位保持足够的安全距离；低压电源的接取至少2人进行，必要时应设专人监护； （6）在大电容设备处工作前对设备进行充分放电，防止残余电荷伤人； （7）定期对电动工器具绝缘进行检测，其金属外壳必须可靠接地； （8）拆、装一次设备引线时，应加临时接地保护线或使用个人保安线，防止感应电触电； （9）动火工作应办理相应级别的动火工作票，人员以及动用用具应与带电设备保持足够的安全距离，动火工作应设专人监护	（1）设备不停电常规维护工作； （2）起重搬运作业； （3）斗臂车高空作业； （4）设备配合预试； （5）拆、接检修电源； （6）设备防腐工作； （7）动火作业
3	带电作业触电风险	（1）带电水冲洗变压器前应先在远离带电区域调试好水枪及水冲洗机压力；水冲洗过程中水流高度应保证与带电部分足够的安全距离，并指定专人全过程监护； （2）带电更换避雷器放电计数器时应先将计数器引线接地，然后才能拆除计数器进行更换，工作过程中要保证接地线始终接触良好	（1）变压器带电水冲洗； （2）带电更换避雷器放电计数器
4	交叉作业触电风险	（1）与试验班组配合进行设备试验时，试验前应征得检修工作负责人同意，并确保所有工作班成员离开试验区域；试验过程中做好监护，防止人员误入试验区域； （2）二次工作人员对设备进行传动时，传动工作前应征得检修工作负责人同意，传动过程中应有二次工作负责人或由其指定的人员到现场监视	（1）设备配合预试工作； （2）设备安装、调试、保护校验工作
5	机械伤害风险	（1）操作钻床、台钻、固定式砂轮机、无齿锯、风扇电机等机械设备时，机械设备安全防护距离，防护罩和设备本体应符合有关安全技术标准的规定；机械上的各种安全防护装置应完好齐全有缺损时应及时修复。安全防护装置不完整或已失效的机械不得使用；	（1）切割工作； （2）打磨工作； （3）弯折工作； （4）打孔工作；

序号	风险点	管控措施	所涉及的工作
5	机械伤害风险	（2）生产现场使用的手提式高速砂轮机，应由有经验的工作人员操作。禁止自制夹具套用其他砂轮片或磨具，防止砂轮片破碎伤人；严禁在运行中将转动的设备防护罩或遮拦打开，或将手伸进遮拦内； （3）严禁戴手套或手上缠抹布，在裸露的齿轮、链条、钢绳、皮带、轴头等转动部分进行清扫或其他的工作。工作人员工作时应扣紧袖口，发辫应放在帽内； （4）使用砂轮机磨削工件时，应戴防护眼镜或装设防护玻璃。操作者应站在砂轮的侧面，以免故障时，砂轮飞出或破碎伤人	（5）风扇电机检修、更换工作
6	爆炸及低压电弧伤人风险	（1）工作中工作人员要严格执行操作规程，压力容器运输和存放要符合安全标准； （2）在从事压力容器作业时（如：开关液压机构，氧气瓶、氮气瓶、乙炔瓶等压力容器），应严格执行操作规程； （3）气瓶在存放和运输过程中应佩带防护帽，防震胶圈齐全；搬运时应轻起、轻放，附近禁止有明火隐患；氧气瓶、乙炔瓶等压力容器运输时应绑扎牢靠，防止互相碰撞，使用时应垂直放置并固定起来，氧气瓶和乙炔气瓶的距离不得小于 8m； （4）检修故障容器时防止触电，未逐个放电前不得进入网门；渗油、鼓肚电容器应及时退出运行；投停电容器时现场不得站人； （5）操作低压电源熔丝或刀闸时防止发生电弧灼伤，工作人应戴好手套和护目眼镜，工作人员应穿长袖棉质工作服	（1）压力容器的储存、运输工作； （2）现场气割工作； （3）电容器检修工作； （4）低压电源处工作
7	检修人员中毒、窒息风险	（1）进入 SF_6 设备室前按规定对氧气含量进行检测； （2）SF_6 爆用干燥毛巾或衣物捂住口鼻，从最近的出口迅速撤离事故现场；其他电器设备爆炸起火用湿毛巾或湿衣物捂住口鼻，以身体低位，从最近的出口撤离； （3）防腐作业时应戴防毒面具	（1）SF_6 设备处工作； （2）防腐作业
8	动火作业火灾风险	（1）动火作业必须办理动火票，电焊操作人员必须持有特种作业证书，经安规考试合格，明确作业危险点及防范措施； （2）按照动火工作票安全措施要求布置现场开展工作； （3）使用的动火设备应符合安全要求； （4）动火工具要求配置、保管使用，严禁冒险、违章作业	动火作业
9	感应电压伤人	（1）作业人员必须戴手套，系好安全带； （2）在有感应电压的场所工作时，应在工作地点加设临时接地线	（1）隔离开关检修； （2）断路器检修； （3）隔离开关安装； （4）断路器安装

续表

序号	风险点	管控措施	所涉及的工作
10	落物伤人	（1）使用专用吊具或绳索传递物品； （2）按标准选用和检查起重工器具； （3）滑车必须装设牢靠，滑轮门可靠闭锁； （4）吊绳必须挂牢或绑牢； （5）地面作业人员不得站在被吊物品的下方； （6）必须听从负责人统一指挥	（1）隔离开关检修； （2）断路器检修； （3）隔离开关安装； （4）断路器安装
11	残余电荷电击作业人员，引发伤害	（1）工作前必须接地放电； （2）合上接地刀闸	各项试验
12	隔离开关突然分、合闸伤人	（1）将操作机构闭锁，并断开操作电源； （2）如需隔离开关分、合闸时，作业人员应配合好，由检查人发令； （3）如需拆下水平拉杆时，需采取防止隔离开关自由分闸的措施	（1）隔离开关检修； （2）隔离开关安装、调试
13	作业人员从梯子上掉落摔伤	（1）使用人字梯作业时其铰链和限制开度的拉链必须坚固，梯子必须安放稳固，并设专人扶持； （2）在独立单梯上作业时，梯子必须放置稳固，四根缆绳受力均匀，缆绳与梯子间的夹角不小于35°	（1）隔离开关检修； （2）断路器检修； （3）隔离开关安装； （4）断路器安装
14	雷击过电压伤人	雷、雨天气或有倒闸操作时严禁进行工作	（1）隔离开关检修； （2）断路器检修； （3）隔离开关安装； （4）断路器安装
15	低压触电	（1）作业人员不得靠近被测试的设备； （2）低压交流电源应装有触电保安器，并在工作地点装有开关	
16	对 SF_6 设备进行检修有中毒风险	（1）SF_6 配电装置室与其下方的电缆隧道门上应设置"注意通风"标志； （2）排风机电源应设置在门外； （3）SF_6 配电装置室低位区应安装能报警的氧量仪或 SF_6 气体泄漏报警仪，若无仪器； （4）须先通风15分钟并用检漏仪测量 SF_6 气体含量合格； （5）尽量避免1人进入 SF_6 配电装置室检修	（1）断路器检修； （2）断路器安装； （3）组合电器检修； （4）组合电器安装
17	开关柜检修触电	（1）防止误入带电间隔； （2）不准随意解锁五防装置； （3）开关小车拉出后，禁止随意打开隔离挡板； （4）接触导电部分前应先验电	开关柜检修

序号	风险点	管控措施	所涉及的工作
18	误入、误登带电设备	（1）开工前，工作负责人应核对设备双重名称、编号与工作票所列检修内容相同，方可带领工作班成员进入现场； （2）工作过程中，工作班成员因故离开现场返回时，应重新核对一次设备双重名称、编号； （3）发现一次设备双重名称、编号有缺陷应及时上报有关部门； （4）工作票上设备双重名称应与检修申请单上一致； （5）工作负责人应与工作票签发人核对检修设备的双重名称正确无误； （6）工作负责人开工前检查工作票上设备双重名称应与检修设备一致； （7）根据电网接线的变更，及时修改智能工作票管理系统中的接线图	（1）隔离开关检修； （2）断路器检修； （3）隔离开关安装； （4）断路器安装
19	误碰带电设备	（1）应对工作人员告知带电部位和防范措施； （2）对较大、较长物件应由两人或几人放倒搬运； （3）搬运物件时要与前、后、左、右、上、下带电设备保持足够的安全距离； （4）搬运物件时要走指定路线； （5）现场使用吊车、斗臂车应设专人指挥、专人监护	（1）隔离开关检修； （2）断路器检修； （3）隔离开关安装； （4）断路器安装； （5）开关柜检修

（二）变电二次专业

序号	风险点	管控措施	所涉及的工作
1	二次回路通电试验造成人身触电	（1）继电保护装置做传动试验或一次通电时，应通知值班员和有关人员，并由工作负责人或由他派人到现场监视方可进行； （2）二次回路通电耐压试验前，应通知值班员和有关人员，并派人到现场看守检查回路上确实无人工作方可加压。电压互感器的二次回路通电试验时，为防止由二次侧向一次反送电，除应将二次回路断开外，还应取下一次保险或断开隔离开关； （3）对交流二次电压回路通电时，必须可靠断开至电压互感器二次侧的回路，防止反充电	保护校验、互感器伏安特性试验、冷却器调试、有载调压调试、电气设备耐压试验
2	在带电的电流互感器二次回路上工作造成人身触电	（1）严禁将电流互感器二次侧开路； （2）短路电流互感器二次绕组必须用短路片或短路线，短路应妥善可靠，严禁用导线缠绕； （3）严禁在电流互感器与短路端子之间的回路和导线上进行任何工作； （4）工作必须认真谨慎不得将回路的永久接地点断开； （5）工作时必须有专人监护，使用绝缘工具并站在绝缘垫上	带电更改 CT 变比、CT 极性，处理 CT 二次回路解除不良缺陷

续表

序号	风险点	管控措施	所涉及的工作
3	在带电的电压互感器二次回路上工作造成人身触电	（1）严格防止短路或接地，应使用绝缘工具，戴手套。必要时，工作前申请停用有关保护装置、安全自动装置或自动化监控系统； （2）接临时负载，应装有专用的隔离开关（刀闸）和熔断器； （3）工作时应有专人监护，严禁将回路的安全接地点断开	交流电压小母线的工作、PT 不停电时其二次回路消缺的工作，PT 并列装置消缺的工作
4	使用校验仪器造成人身触电	（1）工作人员之间做好配合，拉、合电源开关时发出相应的口令； （2）使用完整合格的安全开关并装合适的熔丝； （3）接、拆试验接线的工作需在电源开关拉开的情况下进行	保护校验
5	直流系统工作造成人身触电	（1）使用有绝缘柄的工具，其外裸的导电部位应采取绝缘措施，防止操作时相间或相对地短路； （2）工作时，应穿绝缘鞋和全棉长袖工作服，并戴手套、安全帽和护目镜，站在干燥的绝缘物上进行；禁止使用锉刀、金属尺和带有金属物的毛刷、毛掸等工具； （3）短接或恢复电池时必须有三人以上配合工作，使用绝缘工具，加强对直流母线电压的监视	新上蓄电池组接线、直流充放电工作或在直流屏内工作
6	电缆敷设碰触带电设备	控制电缆敷设应保持水平，不能上下抛掷，用手握电缆头部，与带电设备保持足够安全距离	室外敞开式变电站高压设备不停电时敷设电缆
7	低压回路工作中误碰其他带电回路	（1）使用有绝缘柄的工具，其外裸的导电部位应采取绝缘措施，防止操作时相间或相对地短路； （2）工作时，应穿绝缘鞋和全棉长袖工作服，并戴手套、安全帽和护目镜，站在干燥的绝缘物上进行； （3）禁止使用锉刀、金属尺和带有金属物的毛刷、毛掸等工具	所变屏更换、接取电源、带电交流小母线工作
8	外来人员工作中误碰带电设备或带电回路	对外来人员进行安全知识教育和考试，告知现场安全风险点和注意事项，配备安全工器具，并做好监护	电缆敷设、端子箱及保护屏安装等工作
9	工作中误碰带电运行的其他设备	在全部或部分带电的运行屏（柜）上进行工作时，应将检修设备与运行设备前后以明显的标志隔开	一面屏上有多套设备的工作
10	开关时易对开关机构检修人员造成伤害	（1）将做保护整组"传动开关前到开关机构处检查确无人工作，并设专人监护，再进行传动"事项补充到继电保护作业指导书中； （2）规定保护校验传动开关时，禁止其他人员从事开关检修、试验工作	开关遥控、保护校验等传动试验

序号	风险点	管控措施	所涉及的工作
11	敷设电缆时易造成人身外力损伤	（1）敷设电缆时，应有专人统一指挥，电缆移动时，严禁用手搬动滑轮，以防压伤。使用电缆刀剥电缆时不要用力过猛，以防电缆线或刀具戳伤眼睛等； （2）电缆竖井口应有井盖或设有固定围栏并完好。开启电缆井盖应使用专用工具，同时注意所立位置。开启后应设置围栏，必要时应派人看守； （3）竖井内工作，攀爬前检查爬梯或电缆支架应牢固无缺失、脱焊、严重锈蚀等，及时消除此类安全隐患； （4）站立在爬梯或电缆支架上工作，脚要踩稳，并使用安全带	二次电缆敷设
12	继电保护专业误碰	（1）工作前应核对压板位置，特别应注意解开不经压板的联跳回路端子； （2）在相邻的运行屏前后应设有明显标志（如红布幔等）； （3）分合开关必须由值班员操作； （4）验收合格后，不得再进行任何工作； （5）工作结束后，压板状态必须与工作前状态一致	开关遥控、保护校验等传动试验
13	继电保护专业误整定	（1）工作前应确认最新定值单； （2）定值调整后应核对无误，并打印一份定值附在保护校验记录后	开关遥控、保护校验等传动试验
14	继电保护专业误接线	（1）工作前，必须具备与现场设备一致的图纸； （2）接、拆二次线至少有两人执行，并做好记录	开关遥控、保护校验等传动试验

（三）电气试验专业

序号	风险点	管控措施	所涉及的工作
1	仪器的摆放位置不合理如：对带电设备、试品的安全距离不够	（1）保证仪器、操作箱与高压部分之间有相应电压等级的安全距离； （2）经工作负责人检查能满足现场安全要求时方可进行工作	所有高压试验工作
2	试品试验前、试验后接拆线时未充分放电	（1）加强对试验前后对被试品充分放电、接地过程的督促、监护工作； （2）试验接线或试验结束时，应首先断开试验电源、放电，并将升压设备的高压部分放电，短路接地	所有高压试验工作
3	加压前调压器未置零位	（1）应认真检查试验接线，使用规范的短路线、表记倍率、量程、调压器零位及仪表的开始状态均正确无误； （2）经确认无误后，通知所有人员离开被试设备，并取得试验负责人许可，方可加压	所有高压试验工作

续表

序号	风险点	管控措施	所涉及的工作
4	加压过程中失去监护	（1）工作负责人应对加压过程中的工作人员全方位监护； （2）工作负责人应对精神状态不佳的试验人员进行调整； （3）防止非试验工作人员靠近或进入围栏	所有高压试验工作
5	加压过程中呼唱不规范	（1）加压过程中严格执行监护、呼唱制度； （2）呼唱声音清晰，术语正确规范	所有高压试验工作
6	未断开试验电源即更换接线	（1）试验装置的电源开关，应使用明显断开的双极刀闸。为了防止误合刀闸，可在刀刃上加绝缘罩； （2）更换接线前应及时断开电源； （3）监护人应督促、检查试验人员正常操作程序	所有高压试验工作
7	仪器外壳未可靠接地	（1）试验装置金属外壳应可靠接地； （2）接地线应符合要求并规范使用	所有高压试验工作
8	试验现场未规范装设遮拦或围栏，悬挂标示牌	（1）试验现场应装设遮拦或围栏，遮拦或围栏与试验设备高压部分应有足够的安全距离，向外悬挂"止步，高压危险！"的标示牌，并派人看守； （2）被试设备两端不在同一地点时，另一端还应派人看守	所有高压试验工作
9	高压试验人员操作时未规范使用绝缘垫	高压试验人员操作时应站在合格的绝缘垫上	所有高压试验工作
10	对涉及主要试验设备的重要试验项目没有试验方案	（1）对涉及主要试验设备的重要试验项目，试验负责人应组织编写高压试验方案； （2）方案中必须明确保证安全的组织措施和技术措施； （3）方案的主要内容一般包括试验任务、试验时间、试验接线、试验设备的人员名单及分工、操作步骤、安全措施、安全监护人等； （4）试验方案由试验室技术负责人批准后执行； （5）试验方案的编写人不得担任试验方案的批准人； （6）特别重要的大型试验项目的试验方案应经技术主管部门批准	新设备交流耐压等重要试验
11	高空坠落	工作必须系好安全带，安全带长度和系的位置要合，全体人员佩戴好防护用品	变压器交接、预防性试验
12	大风影响，试验导线、绝缘杆刮到相邻带电间隔	试验前，认真检查试验接线和绝缘杆各连接部位是否牢固，风大时绝缘杆应有两人把持，风力大于6级时停止试验	互感器、套管、断路器、避雷器试验等

续表

序号	风险点	管控措施	所涉及的工作
13	测量两极、两极对地绝缘电阻、测量介质损耗因数和电容量、交流耐压试验易发生静电伤人	（1）测绝缘电阻，更改接线或试验结束时要将设备对地放电； （2）测量前后将电容器两极对地及极间放电数次； （3）电容器测介质损耗因数时，严防试验人员误触、误碰加压部分； （4）做交直流耐压试验时，试验人员要与升压设备和被试设备保持足够的安全距离	电容器试验
14	加热时烫伤	按规定的程序进行，并使用安全防护用具	水溶酸试验
15	酒精外喷	酒精加热时瓶口不准对准自己或别人	酸值试验
16	引起呼吸道疾病	在强力排风柜内进行，使砒啶气味及时排出	水分含量测量
17	火灾	经常检查煤气是否泄漏，配备适合的灭火器材	闪点试验
18	人身感电	（1）操作人要站在绝缘垫上； （2）设备有可靠的接地	油耐压试验

（四）变电运维专业

序号	危险点	管控措施	所涉及的工作
一、	触电伤害		
1	误入、误登带电设备	（1）设备检修时，工作人员与带电部位的安全距离小于规定值，造成人员触电。 （2）悬挂标示牌和装设遮（围）栏不规范，造成人员触电。如：标示牌缺少、数量不足或朝向不正确，装设遮（围）栏满足不了现场安全的实际要求等。 （3）高压设备的隔离措施不规范，造成误入带电设备触电。如：遮拦不稳固，高度不足，未加锁等。 （4）对难以做到与电源完全断开的检修设备未采取有效措施，造成人员触电。如：检修母线侧隔离开关时将隔离开关母线侧引线带电拆除等。 （5）高压开关柜易误碰有电设备的孔洞，隔离措施不规范，造成人员触电。如：手车开关的隔离挡板缺失、损坏，封闭不严，封闭式组合电器引出电缆备用孔或母线的终端备用孔未采取隔离措施等。 （6）工作票上安全措施不正确完备，造成人员触电。如：应拉断路器、隔离开关等未拉开，有来电可能的地点漏挂接地线等。 （7）检修设备停电，未能把各方面的电源完全断开，造成人员触电。如：星形接线设备的中性点隔离开关未拉开，检修设备没有明显断开点，有反送电可能的设备与检修设备之间未断开等。	日常巡视、维护、切换

序号	危险点	管控措施	所涉及的工作
1	误入、误登带电设备	（8）高压设备名称、编号标志设置不规范、不齐全造成误入、误登带电设备触电。如：设备标牌脱落、字迹不清、更换名称标牌不及时等。 （9）现场安全交底内容不清楚，造成人员触电。如：工作负责人布置工作任务时未向工作班成员交代杆塔双重名称及编号，工作班成员登杆前未核对双重称号和标志导致误登带电杆塔触电。 （10）忽视对外协工作人员、临时工的安全交底，造成人员触电。如：使用少量的外协工作人员、临时工时，未进行安全交底。 （11）检修人员擅自工作或不在规定的工作范围内工作，误入、误登带电间隔，造成人员触电。如：无票工作、未经许可工作、擅自扩大工作范围、在安全遮（围）栏外工作等。 （12）杆塔上传递材料时的安全距离不符合要求，造成人员触电。如：同杆架设多回路单回停电、平行、邻近、交叉带电杆塔上工作传递工器具材料。 （13）平行、邻近、同杆架设线路附近停电作业，接触导线、架空地线时感应电，造成人员触电。如：未使用个人保安线。 （14）穿越未经接地同杆架设低电压等级线路，造成人员触电。 （15）电力检修（施工）作业，未能准确判断电缆运行状态、盲目作业，造成人员触电。 （16）电缆接入（拆除）架空线路或开关柜间隔，误登带电杆塔或误入带电间隔，造成人员触电	日常巡视、维护、切换
2	误碰带电设备	（1）现场使用吊车、斗臂车时，对吊车、斗臂车司机现场危险点告知及检查不规范，造成人员触电。如：未告知现场工作范围及带电部位，致使吊臂对带电导体放电等。 （2）室内、室外母线分段部分、母线交叉部分及部分停电检修时忽视带电部位，造成人员触电。如：作业地点带电部位不清，误碰带电设备等。 （3）现场临时电源管理不规范，造成人员触电。如：乱拉电源线，电源线敷设不规范，使用的工具、金属型材、线材误将临时电源线轧破磨伤等。 （4）仪器的摆放位置不合理，造成人员触电。如：仪器摆错位置或摆放离带电设备太近等。 （5）容性设备进行试验工作放电不规范，造成人员触电。如：电力电容器、电力电缆未充分放电等。 （6）加压过程中失去监护，造成人员触电。如：监护人干其他工作或随意离去，注意力不集中等。 （7）仪器金属外壳无保护，造成人员触电。如：外壳未接地或接地不牢等。 （8）试验现场安全措施不规范，他人误入，造成人员触电。如：遮拦或围栏进出口未封闭，标示牌朝向不正确，无人看守等。 （9）高压试验人员操作时未规范使用绝缘垫，造成人员触电。如：绝缘垫耐压不合格，绝缘垫太小，试验人员操作时一只脚站在绝缘垫上，另一只脚站在地面上等。	日常巡视、维护、切换

序号	危险点	管控措施	所涉及的工作
2	误碰带电设备	（10）绝缘工器具不合格或使用不规范，造成人员触电。如：受潮、破损、超周期使用，绝缘杆未完全拉开等。 （11）低压回路工作中无人监护误碰其他带电设备。如：工作人员身体裸露部分误碰带电设备等。 （12）在变电站内人工搬运较长物件不规范。如：梯子、金属管材、型材未放倒搬运等。 （13）检修设备的交、直流电源未断开，造成人员触电。如：未断开检修设备的控制电源或合闸电源等。 （14）拖拽电缆时未做防护措施，导致与带电设备距离不够，造成人员触电	日常巡视、维护、切换
3	电动工器具类触电	（1）电动工器具的使用不规范，造成人员触电。如：手握导线部分或与带电设备安全距离不够等。 （2）电动工器具绝缘不合格，造成人员触电。如：外绝缘破损、超周期使用等。 （3）电动工器具金属外壳无保护，造成人员触电。如：外壳未接地或用缠绕方式接地	日常维护、运维类消缺工作
4	倒闸操作触电	（1）不具备操作条件进行倒闸操作，造成人员触电。如：设备未接地或接地不可靠，防误装置功能不全，雷电时进行室外倒闸操作、安全工器具不合格等。 （2）倒闸操作过程中接触周围带电部位，造成人员触电。如：操作时误碰带电设备、操作未保证足够的安全距离等。 （3）操作过程中发生设备异常，擅自进行处理，误碰带电设备触电。 （4）操作人未按照顺序逐项操作，漏项、跳项操作导致触电。 （5）操作时未认真执行"三核对"，走错位置，误入带电间隔，误拉刀闸，导致触电或电弧灼伤。 （6）操作隔离开关过程中瓷柱折断，引线下倾，造成人身触电。如：站立位置不当，操作用力过猛绝缘子开裂或安装不牢固等。 （7）操作肘型电缆分支箱、箱式变压器时触碰相邻的带电设备，造成人员触电。 （8）对环网柜、电缆分支箱、箱式变压器操作时，不执行停电、验电制度，直接接触设备导电部分，造成人员触电。 （9）验电器、绝缘操作杆受潮，造成人员触电。如：雨天操作没有防雨罩，存放或使用不当等。 （10）装地线前不验电、放电，装、拆接地线时，方法不正确或安全距离不够，造成人员触电。如：装、拆接地线碰到有电设备，操作人与带电部位小于安全距离，攀爬设备构架等。 （11）装拆临时接地线操作不当，造成人员触电。如：装设接地线时接地线触及操作人员身体、装设接地线时误碰带电设备、装设接地操作顺序颠倒	倒闸操作

155 •

序号	危险点	管控措施	所涉及的工作
5	运行维护工作触电	（1）当值运维人员更换高压熔断器、贴试温蜡片、测温、卫生清扫等工作失去监护，人员误入、误登、误碰带电设备，造成人员触电。 （2）当值运维人员进行更换低压熔断器、二次设备清扫、更换灯泡等工作，工器具选择不当，未与带电设备保持安全距离，造成人员触电。如：清扫设备时安全距离小于规定值、没有使用安全工器具、工具的金属部分未用绝缘物包扎等。 （3）高压设备发生接地时，巡视人员与接地之间小于安全距离没有采取防范措施，造成人员触电。 （4）雷雨天巡视设备时，靠近避雷针、避雷器，遇雷反击，造成人员触电。 （5）夜间巡视设备时，巡视人员因光线不足，误入带电区域，造成人员触电。 （6）汛期巡视设备时，安全用品、设备失效，造成人员触电	日常巡视、维护、切换
6	交流低压触电	（1）电流互感器二次回路开路，造成人员触电。如：试验短接线脱落、TA 二次绕组切换步骤不正确等。 （2）电压互感器二次回路上取放熔丝、测量电压、拆接线工作不规范，造成人员触电。如：未使用绝缘工具，未戴手套等。 （3）工作中试验方法不当，造成人员触电。如：接错线、试验表计未调至零位或未断开电源等。 （4）工作人员改接试验线时，未采取措施，造成人员触电。 （5）工作人员在二次回路上加压，操作错误，造成人员触电。如：误合电压回路的空开，应断开的电压端子未断开等。 （6）带电收放临时电源线（保护用接地线），造成人员触电。如：未断开临时电源，线碰带电部位等。 （7）绝缘电阻表输出误碰他人和自己，造成人员触电。如：试验线有裸露部分、有其他人员在摇测绝缘的回路上工作、摇测绝缘时作业人员触及输出端子等。 （8）工作中误触相邻运行设备带电部位。如：同屏布置的二次设备检修时，相邻的运行设备未做安全隔离措施等	日常维护
7	直流低压触电	（1）直流回路上工作未采取防护措施，造成人员触电。如：未使用绝缘工具，未戴手套等。 （2）直流回路上工作，应断开电源的未断开，造成人员触电。如：操作电源、信号电源、测控电源未断开等	日常维护
8	其他类触电	（1）变电站内一次高压设备拆、接引线不规范，造成人员触电。如：引线未接地、未戴绝缘手套、引线甩动、反弹幅度过大等。 （2）在变电站内一次高压设备上工作，因感应电造成人员触电。如：未装设临时接地保护线或无其他保护措施等。 （3）动火工作过程不规范，造成人员触电。如：动火用具与带电设备安全距离不够，在较潮湿的环境条件下进行电焊作业。 （4）雷雨天气在变电站内工作未采取安全措施。	日常巡视、维护、切换

序号	危险点	管控措施	所涉及的工作
8	其他类触电	（5）门卫制度不严格，造成他人进入变电站触电。如：外来工作人员随意进入变电站，导致与带电部位距离不满足安全要求或误入带电间隔。 （6）进行设备验收工作时，人与带电部位距离小于安全距离，造成人身触电。 （7）绝缘斗臂车工作位置选择不当，绝缘部位与带电距离不够，导致相间短路。 （8）带电作业人员不熟悉带电操作程序，导致触电	日常巡视、维护、切换
二、	**物体打击**		
1	高处作业现场	高空落物伤人。如：不正确佩戴安全帽、围栏设置和传递工具材料方法不正确等	存在高处作业
2	工作平台及脚手架	垮塌或落物伤人。如：工作平台、脚手架四周没有设置围网，杆脚搭设在不稳固的鹅卵石上等	
3	电气操作	（1）操作隔离开关过程中，瓷柱折断伤人，操作把手断裂伤人。如：瓷柱有裂纹损伤，操作用力过猛等，操作把手有裂纹损伤等。 （2）操作时，安全工器具掉落伤人。如：绝缘罩、绝缘板或地线杆等掉落	倒闸操作
4	安装、检修隔离开关、断路器等变电设备	设备支柱绝缘子断裂或倾倒砸伤人。如：设备本身质量有问题，焊接部位不牢；工作人员违章工作将安全带打在套管绝缘子或支柱绝缘子上等	停电检修
5	搬运设备及物品	重物失去控制伤人。如：搬运各种保护屏、柜、试验仪器、设备等	
6	更换绝缘子	绝缘子掉串伤人。如：绝缘子没有连接好突然掉落、控制绝缘子的绳子突然松掉等	
7	压力容器	喷出物或容器损坏伤人	
8	装运水泥杆、变压器、线盘	水泥杆、变压器、线盘砸人。如：抬水泥杆时，水泥杆突然掉落；堆放水泥杆时，水泥杆突然滚动等	
9	线路拆线	倒塔和断线时伤人。如：倒杆（塔）、断杆砸伤人，断线时跑线抽伤人	
10	立、撤杆塔	杆塔失控伤人。如：揽风绳、叉杆失控引起倒杆塔等	
11	水泥杆底、拉盘施工、铁塔水泥基础施工	起吊或放置重物措施不当伤人。如：安放杆塔或拉线底盘时杆坑内有人工作等	

序号	危险点	管控措施	所涉及的工作
12	放、紧线及撤线	导线失控伤人。如：导线抽出伤人，手被导线挤伤、压伤等	
13	砍剪树竹	树竹失控伤人。如：被倒下的树木或朽树枝砸伤等	
14	敷设电缆	人员绊伤、摔伤、传动挤伤	
15	挖掘电缆沟	安全措施不当，导致伤人	
16	电缆头制作	操作不规范、措施不当，导致物体打击。如：坑、洞内作业未设置安全围栏等	
三、	机械伤害		
1	操作钻床、台钻等机械设备	设备防护设施不全，造成人员伤害。如：缺少防护罩、防护屏、使用钻床戴手套等	
2	开关设备的储能机构、装置检修	机械故障导致的能量非正常释放，造成人员伤害。如：弹簧、测量杆伤人等	停电检修
3	砍剪树竹	使用的工器具质量不合格、操作不当或失控，造成人员伤害。如：油锯金属碎片飞出、锯掉的木屑、卡涩引起的转动异常、碰金属物、用力过猛误伤等	
4	敷设电缆	展放电缆挤压伤人，或使用电缆刀剥导线时伤人，造成人员伤害	
5	起重机械	吊车起重作业措施不当失控伤人，造成人员伤害。如：翻车、千斤断裂或系挂点脱落、起吊回转范围内有人等	
四、	特殊环境作业		
1	夜晚、恶劣天气作业	（1）夜晚高处作业，工作场所照明不足，导致事故。 （2）恶劣气候条件下，在杆塔上作业或开展带电作业未采取有效的保障措施，导致事故。如：雨、雾、冰雪、大风、雷电、高温、高寒等天气	存在高处作业
2	有限空间作业	（1）未对从业人员进行安全培训，或培训教育考试不合格，导致人身伤害。 （2）未严格实行作业审批制度，擅自进入有限空间作业，导致人身伤害。 （3）未做到"先通风、再检测、后作业"，或者通风、检测不合格，照明设施不完善，导致人身伤害。 （4）未配备防中毒窒息防护设备、安全警示标示，无防护监护措施，导致人身伤害。 （5）未制定应急处置措施，作业现场应急装置未配备或不完整，作业人员盲目施救，导致人身伤害和衍生事故	有限空间作业

续表

序号	危险点	管控措施	所涉及的工作
五、	误操作		
1	电气设备防误装置	（1）设备固有防误装置 1）防误闭锁装置功能不正常、强行解锁，造成误操作。如：程序出错、逻辑关系错误、锁具或钥匙失灵等。 2）防误闭锁装置不完善，造成误操作。如：闭锁有漏点、没加挂机械锁等。 3）无法验电的设备、联络线设备的电气闭锁装置不可靠，造成误操作。如：高压带电显示装置提示错误、高压带电显示闭锁装置闭锁失灵等。 （2）防误装置逻辑和软件系统 1）防误装置有逻辑死区，造成误操作。如：逻辑关系漏编等。 2）计算机监控系统中没有防误闭锁功能或功能不完善，造成误操作。如：操作程序漏编、错编等。 3）远方遥控操作，未实现对受控站的远方防误操作闭锁，造成误操作。如：未配置闭锁、闭锁未连接、逻辑关系设置错误或有遗漏等。 4）防误装置主机发生故障时无法恢复数据或与实际不符，造成误操作。如：数据无备份、信息变更时数据备份不及时等	一、二次倒闸操作
2	运维专业误操作	（1）人员行为导致误操作 1）操作人员、检修维护人员未做到"三懂二会"（懂防误装置的原理、性能、结构；会操作、维护），造成误操作。 2）操作及事故处理时注意力不集中、精力分散或过度紧张，造成误操作。 3）无调度指令或调度指令错误，造成误操作。如：无调度指令操作，操作任务不清、漏项、错项等。 4）无操作票或操作票错误，造成误操作。如：无操作票、操作票漏项、错项等。 5）倒闸操作没有按照顺序逐项操作，未进行"三核对"或现场设备没有明显标志，造成误操作。如：漏项或跳项操作，操作前未核对设备名称、编号和位置，操作设备无命名、编号、转动方向及切换位置的指示标志或标志不明显等。 6）操作任务不明确，调度术语不标准、联系过程不规范，造成误操作。如：操作目的不清、调度术语不确切、未互报单位和姓名、未复诵等。 7）设备检修、验收或试验过程中，误分合隔离开关或接地隔离开关，造成误操作。如：未按规定加锁、擅自操作、验收操作时未核对设备等。 8）操作时走错间隔，造成误分、合断路器，误带电挂接地线，造成误操作。 9）验电器选择或使用不当，造成误操作。如：验电器电压等级与实际不符、验电器损坏、验电位置错误等。 10）装设接地线未按程序进行，带电挂接地线，造成误操作。如：未验电、验电后未立即装设接地线等。 11）交直流电压小开关误投、误退，造成误操作。	

序号	危险点	管控措施	所涉及的工作
2	运维专业误操作	12）电流互感器二次端子接线与一次设备方式不对应，造成误操作。如：二次端子操作顺序错误等。 13）切换保护压板未考虑保护和自动装置联跳回路影响，造成误操作。如：母差保护回路、失灵联跳回路、负荷联切回路、备自投装置、跳闸压板切换等误（漏）投、退等。 14）两个系统并列操作时，未同期合闸，造成误操作。如：同期装置故障、非同期并列等。 15）智能变电站软压板在后台监控机进行操作时，运行人员误投、退软压板造成误操作。如：误进入临近回路间隔。 16）智能变电站软压板操作顺序错误造成保护误动。如：母差保护压板恢复时，误操作检修状态硬压板、保护出口软压板等。 17）智能变电站操作时误操作开关分、合闸把手，易造成控制回路断线。如：操作智能终端分合闸把手时，误操作断路器机构操作把手。 （2）运维管理不当导致误操作 1）一次系统模拟图（或计算机系统模拟图）与现场设备或运行方式不一致，造成误操作。如：运行方式改变时，设备和编号变更时未及时变更模拟图等。 2）解锁钥匙管理不规范，造成误操作。如：擅自使用、超范围使用、未及时封存、私藏解锁钥匙等	
3	继电保护专业误操作	（1）误整定 1）整定计算原始参数错误，造成误整定。如：未按规定实测、测量误差大等。 2）整定计算结果错误，造成误整定。如：计算人员对电网运行方式、二次设备不了解，说明书版本与现场二次设备实际功能不符，无人复算、核实，造成误整定。 3）定值切换未按要求进行或定值输入错误，造成误整定。如：定值切换顺序错误、定值输入错误等。 4）试验时变动保护定值未恢复，造成误整定。 （2）误接线 1）图纸不正确、不规范，造成误接线。如：无图纸、不齐全或图纸改动后未履行审批手续、图纸与现场设备接线不符、回路编号、元件标志标识不正确、不规范、意义不明确等。 2）不按设计图纸施工，造成误接线。如：施工现场无图纸或未按图接线等。 3）保护及自动装置检验时断开接线端子，恢复接线时接错，造成误接线。 （3）误碰 1）二次设备上工作时，使用不合格的工器具，造成误碰运行设备。如：清扫工作未使用绝缘工具，螺丝刀的金属杆部分未采用缠绕绝缘胶带等。 2）现场运维人员所做安全措施不满足安全工作要求，造成误碰运行设备。如：试验设备上联跳回路压板、失灵启动压板、远方启动压板未退出，被试 TA 接入母差保护、主变保护、3/2 接线线路保护等运行中设备的电流试验端子未断开后短接，被试保护屏的相邻设备无明显区分标志等。	

序号	危险点	管控措施	所涉及的工作
3	继电保护专业误操作	3）外来工作人员作业因未对其进行安全措施交底、失去监护等，造成误碰运行设备。 4）保护人员实施安全措施的方法不合理，造成误碰运行设备。如：未做隔离措施、无人监护等。 5）工作中重要环节操作失去监护、操作不规范，造成误碰运行设备。如：操作保护压板、切换开关、定值区、交、直流空气开关、电流试验端子、插把保护插件、触及交、直流回路无专人监护，试验接线后没有专人检查等。 6）二次设备上工作，着装不规范，造成误碰运行设备。如：工作服上有金属构件等	

（五）信息通信专业

序号	危险点分析	管控措施	所涉及的工作
1	高空坠落	（1）登杆塔前检查所登杆塔稳固符合登高要求，使用合格登高工具。 （2）规范登杆方法，人员正确攀登。 （3）高空作业应使用合格的安全带。安全带必须挂在牢固的构件上，扣好安全绳扣，并不得低挂高用。高处移动应使用后备保险绳。不得同时失去安全带和后备保险绳的保护。紧线时不准登杆。使用脚扣登杆前要将脚扣调整合适，并进行预冲击。 （4）乘滑车人员系好安全带。登滑车前检查确认滑车所挂线路符合登车条件	
2	光缆敷放支架不牢，倾倒滚动伤人	放线架支架应安装稳固，放线支架应具备紧急刹车功能，必要时设置防护栏	
3	跨越高度不够、跨越公路时未派人看管	跨越高度不够应搭设跨越架，条件具备可借用上导、地线悬挂滑轮通过。跨越点应安排专人看守，并保持通信畅通	通信光缆检修工作
4	梯子倾倒	检查梯子应牢固可靠，立放要平稳，斜度符合要求，梯上高处作业应系安全带，梯子要有专人扶持	
5	带电安全距离不够，导致人身触电	监护人提高注意力，高处工作人员站立于杆路带电部位外侧，动作规范，与带电体保持安全距离	
6	杆上或缆上遗留工具	下杆前仔细检查不要遗留物品在塔上，杆下配合人员应及时提示	

序号	危险点分析	管控措施	所涉及的工作
7	破缆时未正确使用工具，割伤手指	破缆时使用专用工具，正确使用开剥工具	通信光缆检修工作
8	OPGW 感应电伤人	应进行验电，并做好接地措施	
9	泥土或水珠落入熔接机	雨天熔接应在室内或帐篷里，不熔接时应盖上熔接机护盖	
10	管道有毒气体造成人员中毒	打开井盖充分通风后，必要时使用气体测试仪测试确认	
11	引发交通堵塞或发生交通事故	影响正常交通的施工，应和交通管理部门联系，做好交通安全措施，设立围栏，悬挂警示标志，设立隔离带	
12	未断开板卡跳纤进行测试，致使光设备损坏	用 OTDR 进行纤芯测试前，应确认对端纤芯没有连接任何设备和仪表后，方可进行纤芯测试操作	
13	误断运行光缆、误碰运行纤芯	认真核对光缆编号，检查非检修范围的运行纤芯，做好隔离标记等，严格区分，并加强操作中的监护。管道或地埋施工时对临近光缆做好保护。光缆接头盒未可靠固定前不得履行工作终结手续	
14	激光伤害	在使用 OTDR 和光源时，严禁尾纤连接头端面正对眼睛	
15	抛掷物品，引起伤害	高空作业所使用的工具和材料应放在工具袋内或用绳索绑牢，严禁抛掷	
16	施工过程中光缆断落导致设备、人身、电网事故	牵引机拉力应和光缆拉力参数匹配，牵引施工时安排人员实时监控所有滑轮滑动正常无卡涩，放线场应有完善的防飞车措施。重要跨越点应有专人看守并搭设防落架或防落网。牵引过程中塔上不得留人。不得在光缆开断点承受拉力情况下进行断缆操作	
17	现场安全措施不完备	（1）按工作票做好安全措施； （2）明确作业地点与带电部位	电源检修工作

序号	危险点分析	管控措施	所涉及的工作
18	未认真核对图纸和设备标识，造成误操作	（1）操作前认真核对图纸和设备标识； （2）作业时加强监护	
19	误碰带电部位，造成人身触电	（1）清扫设备时，使用绝缘除尘工具； （2）拆接负载电缆前，应断开电源的输出开关； （3）对工器具做绝缘处理； （4）谨慎操作，防止误碰带电部位； （5）作业时加强监护	
20	误碰电源开关，造成设备供电电源中断	（1）关闭某一路空前，仔细核对资料，确认无误后方可操作； （2）谨慎操作，防止误碰其他空气开关； （3）作业时加强监护	
21	误接线，造成设备损坏	（1）接线前认真核对图纸和设备标识； （2）直流电缆接线前，应校验线缆两端极性； （3）作业时加强监护	电源检修工作
22	仪表使用不当，造成损坏	（1）正确使用仪器仪表； （2）作业时加强监护	
23	电源极间短路	（1）对工器具和缆线头进行绝缘处理； （2）作业时加强监护	
24	接线接触不良，导致缆线接头处发热	（1）使用合适的工具紧固； （2）对接线情况进行复查； （3）对接线端子进行测温	
25	电源设备断电前未转移负载，造成设备断电	（1）电源设备断电检修前，应确认负载已转移或关闭； （2）作业时加强监护	
26	误操作、误接线	（1）在操作前必须详细核对设备图纸资料和设备配置信息，确保正确无误； （2）拆线应填用作业指导卡，拆接线前认真核对，做好记录	设备检修工作
27	误碰设备，导致设备或通道中断	（1）清扫设备时，使用绝缘清扫工具； （2）谨慎操作，加强监护	

续表

序号	危险点分析	管控措施	所涉及的工作
28	操作不规范，损坏板件	（1）正确佩戴防静电手腕； （2）严禁带电插拔电源板； （3）勿带连接线插拔板件； （4）插拔单板用力适度平稳，勿强行拔插，造成插针折弯，引起短路； （5）更换下的电路板应放入防静电薄膜内； （6）关闭、重启电源操作时保持一定间隔时间	
29	业务电路转移遗漏	检修作业前，应确认作业指导卡已正确执行，业务已全部转移完成	
30	仪表损坏	（1）使用仪表时应摆放平稳，注意防潮、防尘、防有害源； （2）对需要接地的仪表应要接地	
31	光接口测试，操作不当造成人身伤害、损坏器件、通信中断	（1）避免光端口直接照射眼睛； （2）拔SC接头尾纤时，用拔纤器夹住接头的塑胶端面，适度用力将接头拔出； （3）不同光方向应逐一进行测试恢复，勿使线路两个光方向同时断开； （4）用尾纤直接进行光口自环时，必要时应在收发光口间加装衰减器，防止接收光功率过载	
32	测量微波射频发信功率时，操作不当，损坏微波设备	（1）测量开始前，应先关掉微波发信机的电源，然后打开微波机射频出口，把仪表接入微波机，仪表应选用合适的功率探头，并加接适当的衰耗器； （2）开启微波发信机电源，从仪表上读取测量数据； （3）再次关掉微波发信机电源，断开仪表与微波机的连接，恢复微波发信机的原有连接； （4）开启微波发信机电源，观察微波设备运行正常	
33	板件受潮，光口受污染	（1）当单板从一个温度较低、较干燥的地方拿到温度较高、较潮湿的地方时，至少需要等30分钟以后才能拆封； （2）未用的光口应用防尘帽套住。日常维护工作中使用的尾纤在不用时，尾纤接头也要戴上防尘帽	
34	人身触电	（1）场区结合设备检修时，工作票上应制定防人身触电的安全措施，现场确认安全措施已到位，并使用符合电压等级的绝缘拉杆拉合结合滤波器接地刀闸； （2）使用兆欧表测量高频电缆绝缘电阻时，作业人员应做好防护措施，防止误碰导线裸露部分	
35	高空坠落造成人身伤害	（1）登塔作业人员应使用合格安全带、正确佩戴安全帽； （2）雷雨时严禁在塔上工作	
36	操作不当，造成天馈线损坏	（1）工作人员不得踩踏馈线，以免造成馈线折断、变形； （2）防止误碰天线振子造成振子损伤	

附录2　典型标准作业卡

序号	项目	管控要点	完成时间	责任人员
1	现场勘察	（1）现场勘察记录应早于施工方案及三措前开展实施。 （2）现场勘察应由作业部门工作票签发人或负责人组织实施，相关人员应手工签名。 （3）现场勘察记录重点包含：停电范围、带电部位、现场危险点、安全措施、现场勘察附图、特别注意存在大型机械时，应明确机械摆放位置、行进路线，与邻近带电体安全距离测算、驾驶人员也应参与现场勘察并签名	二级作业风险开工前 15 日； 三级作业开工前 7 日； 四级作业开工前 3 日； 五级作业开工前 3 日	工作签发人或负责人
2	施工方案	（1）二级作业风险应由地市级单位设备管理部编制，省公司设备部审查并批准，报国网设备部备案。 （2）三级作业风险有地市单位设备部编制，地市设备部审查并批准，报省公司设备部备案。 （3）四级作业风险由县公司（中心）编制，县公司（中心）组织审查并批准，报地市公司设备部备案。 （4）五级作业风险由班组编制，县公司（中心）组织审查并批准。 （5）施工方案应重点明确施工人员组织架构分工、施工内容及时间、作业风险点及防范措施，特别注意施工大型机械临近带电作业时，执行"三算四验"	二级作业风险开工前 15 日； 三级作业开工前 7 日； 四级作业开工前 3 日； 五级作业开工前 3 日	工作负责人
3	施工三措	（1）施工三措应包含：组织措施、技术措施、安全措施。 （2）组织措施应重点明确作主体、项目部（施工集体）人员具体职责分工及承担的安全责任。 （3）技术措施应重点明确作业内容、作业工序、作业标准。安全措施重点明确作业危险点、防范措施、安全交底、机具使用等，特别注意大型机具、有限空间、高处作业、临近带电、动火作业等	二级作业风险开工前 15 日； 三级作业开工前 7 日； 四级作业开工前 3 日； 五级作业开工前 3 日	工作负责人
4	工作票签发	（1）工作票签发应由作业单位工作票签发人开展。 （2）第一种工作票应提前一天 16：00 前送达	工作前一日	工作票签发人
5	人员准入核查	（1）核查作业人员风控平台安全准入是否超期； （2）核查作业人员风控平台准入专业是否与从事专业相符； （3）核查作业人员风控平台人员信息填写是否完整	工作前一日	安全管控中作业部门工作负责人
6	日计划核查	（1）核查当日工作计划信息填写是否完整、正确； （2）核查高风险作业是否填写到岗到位信息	开工当日	工作负责人
7	当日作业内容风险等级核实	（1）明确当日作业主要内容，是否与日计划风险等级相符； （2）根据当日作业风险等级，是否进行风险降级处理	开工当日	工作负责人

序号	项目	管控要点	完成时间	责任人员
8	工作票许可	（1）现场履行工作票许可手续，工作许可人现场交代危险点、所做安全措施及注意事项； （2）工作负责人确认后，双方分别签字； （3）工作负责人向工作班成员进行安全技术交底，人员无异议后，全体工作班成员签字确认	开工当日	工作负责人
9	施工器具检查	（1）核查所用安全工器具是否齐备、均在试验周期； （2）核查人员是否规范使用各类安全工器具、登高防护器具； （3）核查所用电动工具是否采用三相四线制，是否执行一机一闸一保护要求； （4）核查所有角磨机、砂轮等采用隔热措施及加装外壳保护罩； （5）核查所用车辆接地良好可靠，严格按照作业方案定点站位，是否设置专人监护，支撑腿是否全部伸展并可靠设置枕木，驾驶室是否铺设绝缘垫； （6）核查特种车辆指挥人员是否经专门培训，并取得指挥资质	开工当日	工作负责人
10	安全技术交底	工作负责人应向全体工作班成员交代工作内容、工作地点、明确制定专责监护人信息、临近带电设备、现场所做安全措施及安全注意事项	开工当日	工作负责人
11	系统开工	工作负责人应规范使用平安宁电 APP 对日计划进行开工打卡	开工当日	工作负责人
12	上传过程资料	工作负责人应在开工后三十分钟内通过平安宁电 APP 上传过程资料	开工当日	工作负责人
13	绑定视频终端	（1）工作负责人应在系统开工后，立即绑定内网布控球或变电站内固定摄像头； （2）三级及以上风险作业，应优先使用内网布控球； （3）确保所有工作计划开工后均绑定内网视频监控终端设备； （4）视频终端设备绑定后，应与安管中心核对视频画面是否正常，确保无遮挡、作业全景可视	开工当日	工作负责人
14	绑定智能终端	（1）工作负责人应在系统开工后，立即使用智能移动终端； （2）智能终端作业开始后，应与安管中心核对电子围栏设置是否清晰、人员定位信息是否正确、实施传输画面是否正常、提示告警信息是否完整	开工当日	工作负责人
15	作业过程管控	（1）确保工作票所列人员与实际参与工作人员相符，及时填写人员增添离去记录； （2）各作业关键点是否按照要求设置专责监护人，专责监护人是否监护到位，认真落实风险防范措施； （3）高处作业、有限空间、有毒气体回收、临近带电、起重作业、动火作业等防范措施是否执行到位，防护用品是否使用正确； （4）核查现场严禁擅自移动或改变所做安全措施	当日完工	工作负责人

序号	项目	管控要点	完成时间	责任人员
16	班后会	（1）工作结束，工作负责人清点作业人数与机具，确保人员、机具无遗漏； （2）核对当日工作内容及结果，总结工作是否到达预期要求，点评工作中存在的不足，提出进一步改进措施； （3）全体工作班成员确认签字，回收转运所用机具	当日完工	工作负责人
17	系统完工	工作负责人应规范使用平安宁电 APP 对日计划进行完工打卡	当日完工	工作负责人